논 생태계

어류 · 양서류 · 파충류 도감

농촌진흥청 著

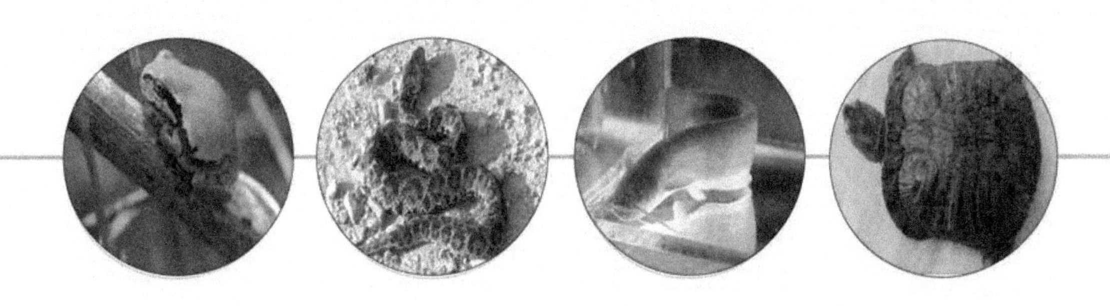

발 간 사

논 생태계는 수천 년 간 담수생물들의 보고(寶庫)로서 그리고 우리에게는 귀중한 식량을 공급해 주는 생산지로서 역할을 해 왔습니다. 특히, 주변의 산림 생태계 및 도시 생태계와 조화를 이루면서 발전해 온 우리 삶의 일부이자 볏짚문화와 같은 전통문화의 산실로서 한 몫을 담당해 왔습니다.

최근 들어 세계 각국은 '벼논'의 중요성을 새롭게 인식하고 있으며 그 일환으로 논을 생물 다양성이 풍부한 습지 생태계의 핵심으로 여기고 있습니다. 이 처럼 생물 다양성 보존에 중요한 논은 단순한 작물 재배용이 아닌 논 생태계와 맞물려 살아가고 있는 다양한 어류 · 양서 · 파충류들의 먹이 피라미드에 필수적인 구성 요소들을 제공해 주는 기능도 맡고 있습니다. 따라서 논의 활용을 통한 논 생태계 보존은 우리 인간이 할 수 있는 가장 친환경적인 산업으로서 식량-생물-환경으로 이어지는 거시적인 기능 메커니즘의 출발지라 할 수 있겠습니다.

우리 국민들이 요구하는 농산물들에 대한 품질 및 안전성 수준은 과거에 비해 현저히 그리고 급속히 증가하였습니다. 이러한 환경보전 및 높아진 국민들의 의식수준에 따라 국가 농업정책 역시 환경 친화적인 방향으로 전환하였고, 그에 맞춰 논 생태계 보전을 위해 우리 원은 연구, 행정, 정책 등 다방면의 전문가들이 적용 가능한 다양한 노력을 경주하고 있습니다. 그 결실의 하나로 우리 원은 소중한 논 생태계와 직간접적인 상호작용을 맺고 있는 어류 · 양서 · 파충류 47종의 특징 및 생태를 정리하여 도감을 발간하게 됐습니다.

이 도감을 활용하여 논 생태계를 보다 손쉽게 이해하고 나아가 생물다양성 보전의 필요성을 인식할 수 있는 하나의 디딤돌이 되리라 믿습니다.

끝으로 이 도감이 발간되기까지 수고하신 연구원들께 그 간의 노고에 진심으로 경의를 표합니다.

국립농업과학원장 정 광 용

일 러 두 기

◆ 논 생태계에 출현하는 주요 어류, 양서류, 파충류를 대상으로 자료를 수집했습니다.

◆ 채집은 논 생태계를 구성하고 있는 본답(本畓)을 비롯하여 논 주변의 농수로, 저수지 및 둠벙에서 주로 했으며, 또한 휴경논이나 논과 연계된 계곡과 하천에서도 했습니다.

◆ 본 도감에는 논 생태계에 출현하는 어류 23종, 양서류 13종, 파충류 11종을 수록하고 있습니다.

◆ 수록된 각 종의 특징뿐만 아니라 서식지 전경도 있기 때문에 독자들이 관심있어 하는 종을 야외에서 찾아보기 쉽게 했습니다.

◆ 한국 이름, 학명 및 분류체계는 「한국동물명집」에 준하여 작성하였고, 수록 순서는 분류체계의 순서에 따라서 정했습니다.

◆ 논 생태계에는 다양한 서식지가 형성되어 있기 때문에 본 도감에 수록된 종보다 더 많을 것으로 생각합니다. 향후 계속적으로 정보를 수집할 계획에 있습니다.

◆ 본 도감에 잘못된 사항을 지적해 주시면 앞으로 저희들의 자료 수집에 많은 도움이 될 것으로 생각합니다.

목 차

A. 어 류

B. 양서파충류

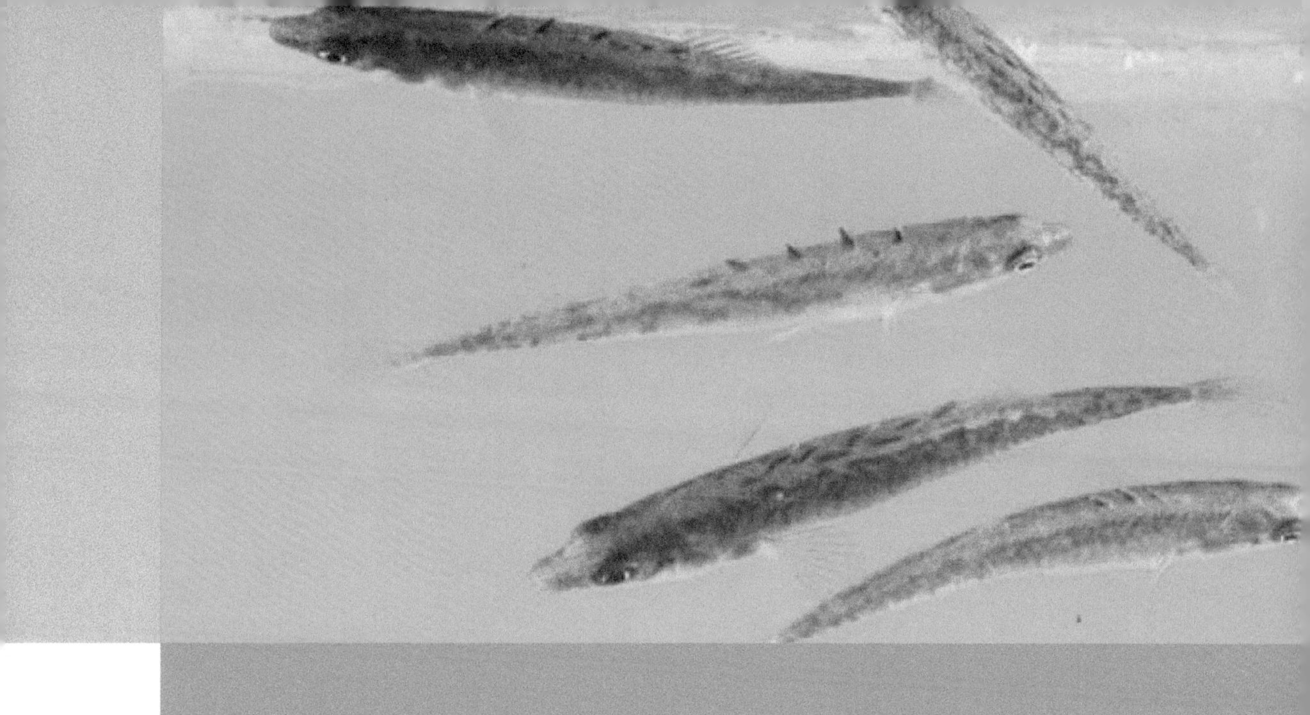

A. 어 류

1. 버들치 *Rhynchocypris oxycephalus*

척색동물문〉척추동물아문〉조기어강〉잉어목〉잉어과
Chordata〉Vertebrata〉Actinopterygii〉Cypriniformes〉Cyprinidae

◉ 특징

성어의 크기는 7 - 12cm이다. 몸은 길고 납작하며 입은 주둥이 아래에 있다. 등지느러미와 뒷지느러미의 연조수는 각각 7개 내외이다. 등쪽 체색은 황갈색 바탕에 흑갈색 반점들이 산재하며 짙은 암갈색을 띠며, 배쪽은 황색빛이도는 담색을 띤다. 몸 측면의 세로무늬는 불분명하다.

◉ 생태

찬물이 흐르는 곡간답의 농수로에 주로 서식한다. 산란기는 4월 중순이다. 잡식성으로 수서곤충, 실지렁이류, 부착조류 및 유기물 등을 먹는다.

◉ 분포

한국, 중국 북부, 일본 중· 남부

사진 1-1. 버들치 측면

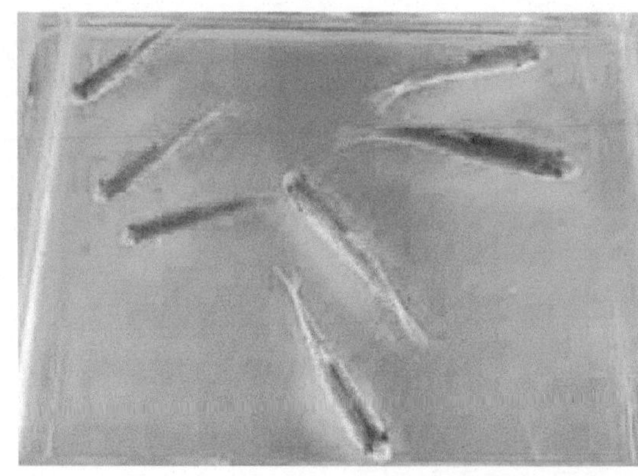

사진 1-2. 버들치의 등쪽 무늬

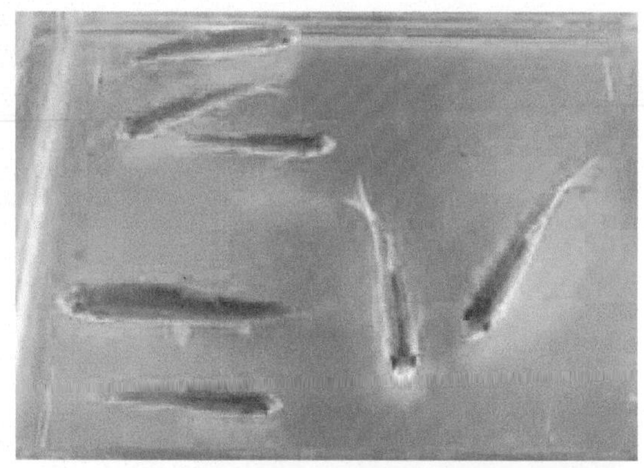

사진 1-3. 버들치 측면의 줄무늬 및 반점

사진 1-4. 버들치 측면 머리 형태

사진 1-5. 버들치 측면 꼬리지느러미 형태

사진 1-6. 버들치 서식지(계곡 하천)

2. 버들개 *Rhynchocypris steindachneri*

척색동물문〉척추동물아문〉조기어강〉잉어목〉잉어과
Chordata〉Vertebrata〉Actinopterygii〉Cypriniformes〉Cyprinidae

◉ 특징

성어의 크기는 8 - 14cm이다. 몸은 가늘고 길며 배쪽은 넓적하고 꼬리쪽은 버들치보다 가늘다. 입은 주둥이 아래에 있으며 뾰족하다. 등지느러미와 뒷지느러미의 연조수는 각각 7개 내외이다. 등쪽 체색은 흰색 바탕에 검은 반점이 불규칙하게 산재하며, 배쪽은 은백색으로 연한 황색을 띤다. 지느러미와 측선은 황갈색을 띤다. 몸 측면의 세로줄은 불분명하고 넓다.

◉ 생태

찬물이 흐르는 곡간답의 농수로에 주로 서식한다. 산란기는 4월 중순 - 5월 중순이다. 잡식성으로 수서곤충, 실지렁이류 및 부착조류 등을 먹는다.

◉ 분포

한국, 중국 북동부, 일본 북부, 러시아 연해주

사진 2-1. 버들개 등면

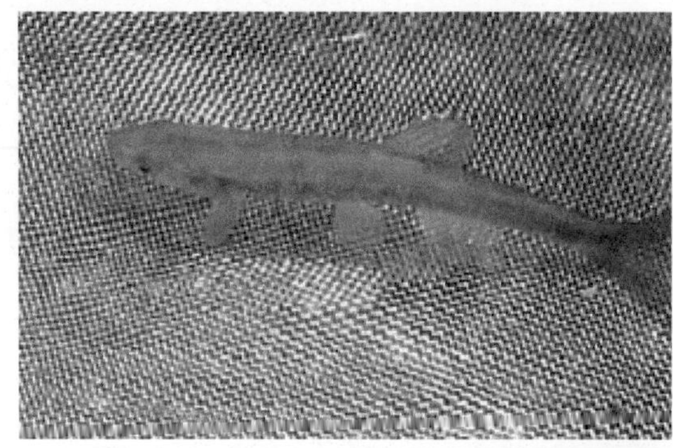
사진 2-2. 버들개 등면

사진 2-3. 버들개 서식지

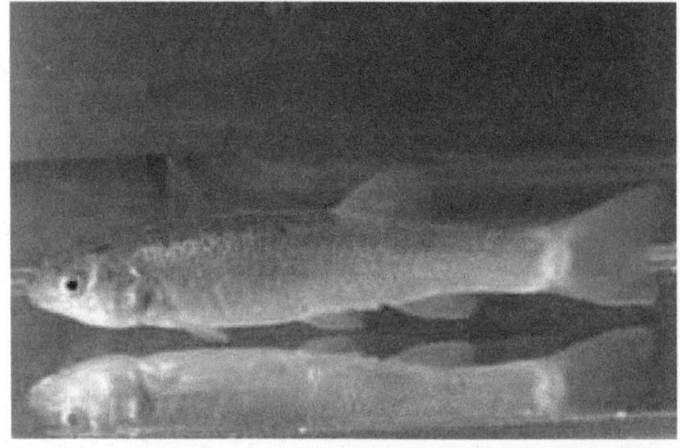
사진 2-4. 버들개 측면

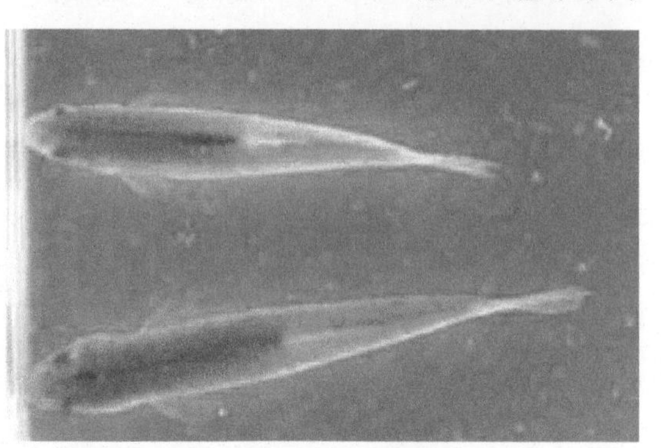
사진 2-5. 버들개 등쪽 무늬

사진 2-6. 버들개 측면 머리 형태

사진 2-7. 버들개 측면 꼬리지느러미 형태

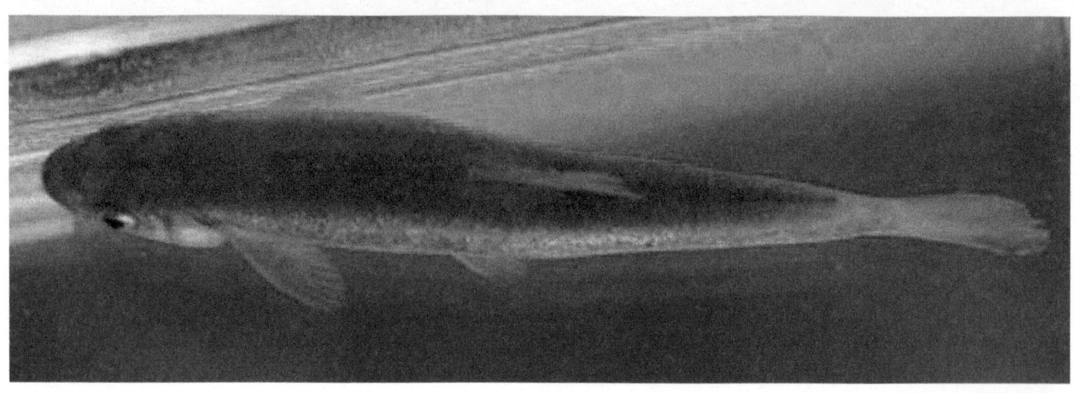
사진 2-8. 버들개 등면

3. 참붕어 *Pseudorasbora parva*

척색동물문〉척추동물아문〉조기어강〉잉어목〉잉어과
Chordata〉Vertebrata〉Actinopterygii〉Cypriniformes〉Cyprinidae

◉ 특징

성어의 크기는 5-8cm이다. 몸은 가늘고 길며 납작하다. 등지느러미 연조수는 7개, 뒷지느러미 연조수는 6개이다. 체색은 은색 바탕에 등쪽만 암녹색을 띤다. 몸의 측면 중앙에는 머리부터 꼬리까지 굵은 검은색의 띠무늬가 있다.

◉ 생태

전국적으로 분포하며, 강, 소하천, 호수, 저수지, 물웅덩이, 농수로, 논 등 연중 담수가 되어 있는 곳이라면 수질이 나빠도 서식한다. 산란기는 5-6월이며 부화율은 높고 암컷은 번식기에 밝은 노란색을 띤다. 논에 서식하는 수서곤충 다음으로 개체수가 많고 어류 중에서는 가장 개체수가 많아서 다른 어류의 먹이가 된다. 산란기에는 수컷이 산란터를 적극적으로 보호하는 습성이 있다.

◉ 분포

한국, 중국, 대만, 일본

사진 3-1. 참붕어 옆면

사진 3-2. 참붕어 등면

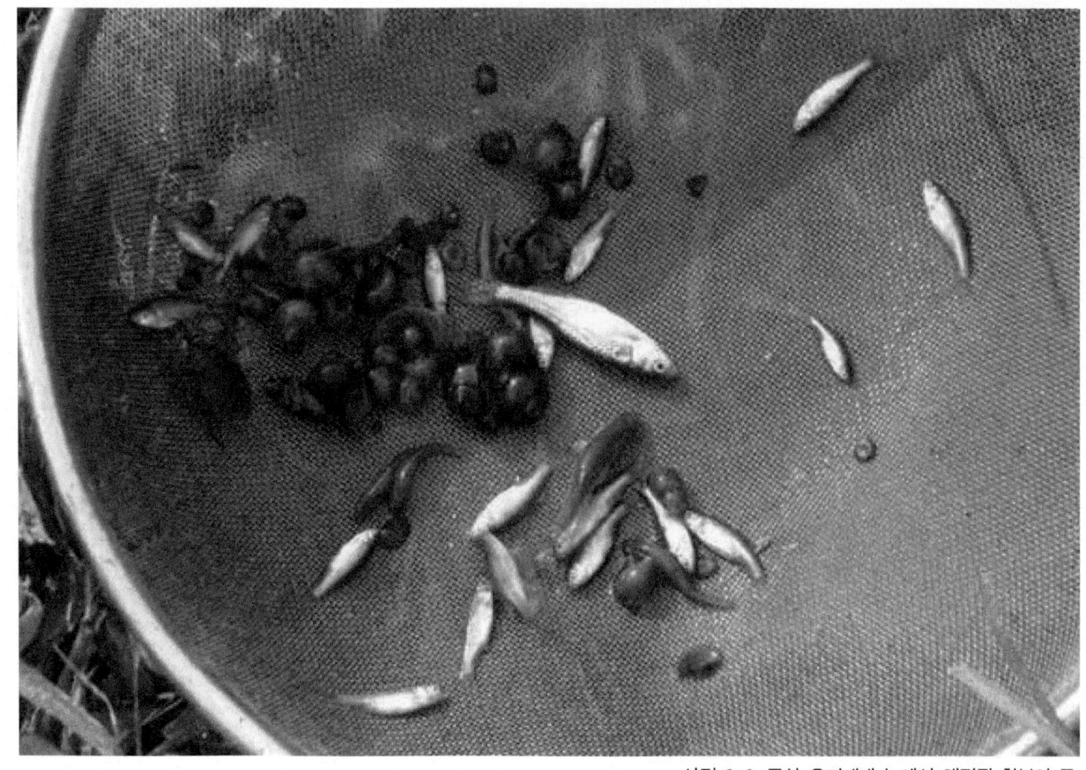

사진 3-3. 군산 유기재배 논에서 채집된 참붕어 등

4. 붕어 *Carassius auratus*

척색동물문〉척추동물아문〉조기어강〉잉어목〉잉어과
Chordata〉Vertebrata〉Actinopterygii〉Cypriniformes〉Cyprinidae

◉ 특징

성어의 크기는 보통 25 - 30cm이며 40 - 60cm되는 것도 있다. 체고가 높고 상악후연에 수염이 없다. 떡붕어와 비교하면 붕어는 체고가 떡붕어보다 훨씬 낮아서 체형이 유선형에 가깝고, 떡붕어는 머리에 비해 체고가 유난히 높다. 또한 본 종은 몸 중앙 부위에 검은 점선으로 이어진 뚜렷한 측선이 있지만 떡붕어는 이러한 뚜렷한 측선과 함께 등쪽에 5 - 7개 내외의 희미한 굵은 줄무늬가 더 있어 구별된다.

◉ 생태

전국적으로 분포하며, 강, 소하천, 호수, 저수지, 물웅덩이, 농수로, 논 등 연중 담수가 되어 있는 곳이라면 수질이 나빠도 서식한다. 산란기는 4 - 7월이며 수초가 무성한 수심이 얕은 장소에서 산란한다. 산란 최적기는 수온이 18℃ 전후인 5월 중하순경이다. 60 - 70년대 이전까지는 강과 하천에 접한 논은 붕어가 증식하는데 중요한 역할을 하였지만 경지정리사업 이후로 어류의 이동로가 단절되어 논에서는 찾아보기가 힘들게 되었다. 특히 농수로의 낙차로 인해 하천에서 논으로 치어가 이동하기 힘들며 농한기 건답시기에 하천으로 이동할 수 없게 되었다.

◉ 분포

아시아 전역

사진 4-1. 붕어

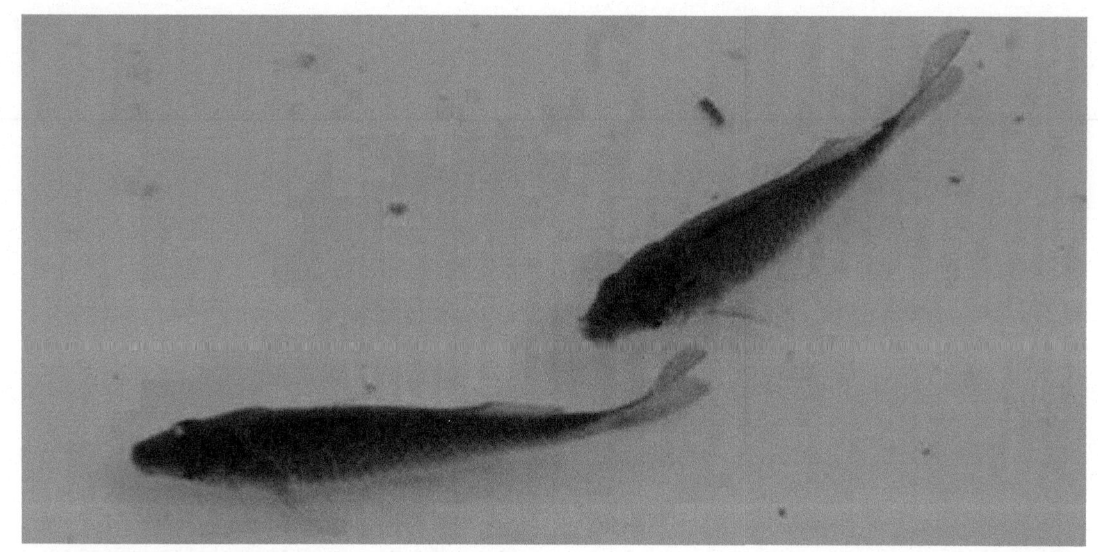
사진 4-2. 붕어 등면

사진 4-3. 붕어들

사진 4-4. 붕어 측면

사진 4-5. 붕어 서식지

5. 떡붕어 *Carassius cuvieri*

척색동물문〉척추동물아문〉조기어강〉잉어목〉잉어과
Chordata〉Vertebrata〉Actinopterygii〉Cypriniformes〉Cyprinidae

◉ 특징

성어의 크기는 30 - 40cm이다. 잉어와 같이 체고가 높지만 상악후연에 수염이 없다. 체고가 유난히 높고 재래종 붕어보다 커보여서 크고 넓다라는 의미의 '떡' 이라는 말이 이름에 사용된 것으로 보인다. 몸 중앙부위에 검은색의 뚜렷한 측선이 있고 등쪽으로 검은색 줄무늬가 5 - 7줄 있다. 등쪽은 회백색이고 배쪽은 은백색을 띤다. 붕어는 성숙하면 누런 황금색을 띠지만 떡붕어는 희기 때문에 쉽게 구별된다.

◉ 생태

국내에서 유료 낚시가 성행하기 시작한 1970년대부터 도입된 종이다. 전국적으로 분포하며, 이입이 어려운 저수지 등에는 없지만 이입이 쉬운 유료 저수지, 강, 소하천, 호수 등 연중 담수가 되어 있는 곳이라면 수질이 나빠도 서식한다. 산란기는 4 - 6월이며 수초가 무성한 수심이 얕은 장소에서 산란한다. 산란 최성기는 4월 하순에서 5월 초순경이며, 온도는 17 - 18℃ 전후이다. 일반적으로 산란은 해질 무렵부터 시작하여 다음날 오전 10시까지 계속된다.

◉ 분포

한국, 일본

사진 5-1. 떡붕어 측면

사진 5-2. 떡붕어 등면

사진 5-3. 떡붕어 서식지(덕우지 초겨울 전경)

사진 5-4. 떡붕어 서식지

사진 5-5. 떡붕어 서식지

6. 잉어 *Cyprinus carpio*

척색동물문〉척추동물아문〉조기어강〉잉어목〉잉어과
Chordata〉Vertebrata〉Actinopterygii〉Cypriniformes〉Cyprinidae

◉ 특징

성어의 크기는 50 - 100cm이다. 체고가 높고 상악 후연에 수염이 있다. 머리는 좁고 원추형이며 주둥이 부분은 둥글다. 등지느러미 연조수는 19 - 21개정도, 뒷지느러미는 5 - 6개정도이다. 입수염은 2쌍으로 뒤쪽에 있는 것이 굵고 길다. 전체 체구를 보면 배 중앙 부분이 등쪽으로 조금 들어가서 휜 것 같아 보인다. 체색은 어두운 녹갈색 바탕에 등쪽은 짙고 배쪽은 연한 황갈색 또는 흰색이다. 오래된 것은 등쪽을 제외하고 전체적으로 누런 황색을 띤다.

◉ 생태

전국적으로 분포하며, 호수, 저수지, 강, 소하천 등 연중 담수가 되어 있는 곳이라면 수질이 나빠도 서식한다. 산란기는 5 - 6월이며 수초가 무성한 수심이 얕은 장소에서 산란한다. 떡붕어와 붕어보다 산란이 늦다. 산란 최성기는 5월 하순에서 6월 초순경이며, 수온는 18 - 22℃정도이다. 산란은 수초가 많고 수심이 얕은 곳에서 주로 오전에 이루어진다.

◉ 분포

한국을 비롯한 아시아, 유럽의 온대, 아열대지역

사진 6-1. 잉어 등면

사진 6-2. 잉어 측면

사진 6-3. 잉어 측면

사진 6-4. 잉어 등면

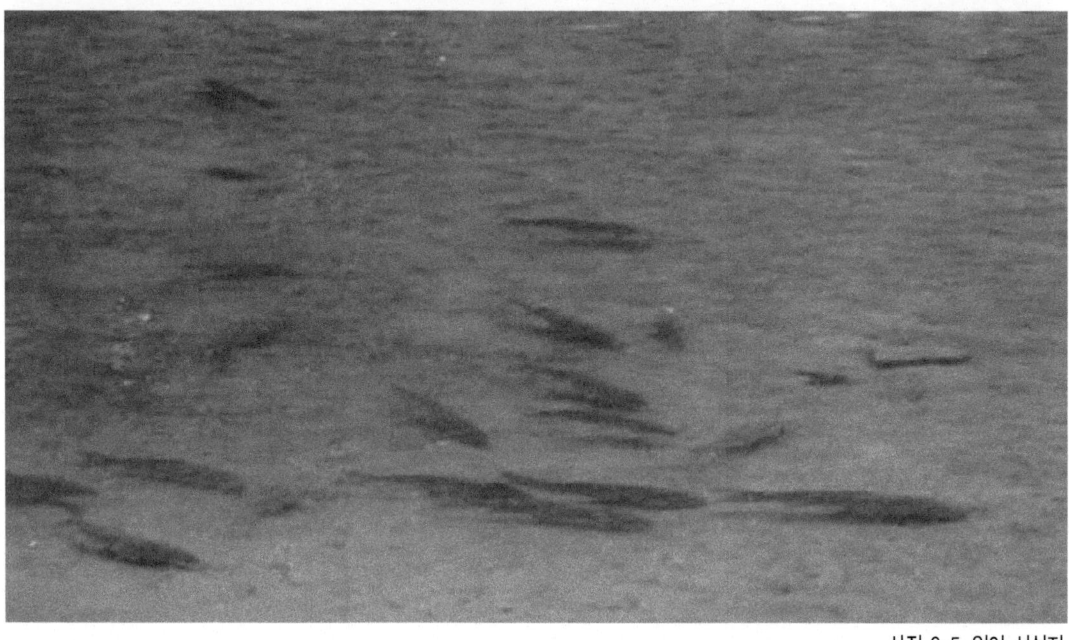
사진 6-5. 잉어 서식지

7. 피라미 *Zacco platypus*

척색동물문〉척추동물아문〉조기어강〉잉어목〉잉어과
Chordata〉Vertebrata〉Actinopterygii〉Cypriniformes〉Cyprinidae

◉ 특징

성어의 크기는 12 - 17cm정도이다. 몸은 옆이 납작하고 길다. 등쪽 체색은 짙은 청색이고 배쪽은 은백색 바탕에 9 - 10개의 연한 파란색의 가로무늬가 있다. 등지느러미 앞쪽 가장자리, 가슴, 배 및 뒷지느러미 기조막은 밝은 적색을 띤다. 암컷도 산란기에는 3줄의 파란색 가로줄무늬가 나타난다.

◉ 생태

비교적 깨끗한 하천의 여울에 주로 서식하지만 장마기에는 농수로에서도 많이 볼 수 있고 때로는 곡간지 중류까지도 올라간다. 산란기는 5 - 7월이며 수심이 얕고 모래가 깔린 여울에서 산란한다. 우리나라 민물고기 중 가장 흔한 어류 중의 하나이다.

◉ 분포

한국, 중국, 대만, 일본

사진 7-1. 피라미 암컷 등면

사진 7-2. 피라미 암컷 측면

사진 7-3. 피라미들 측면

사진 7-4. 피라미 수컷의 혼인색

사진 7-5. 피라미 서식 저수지

사진 7-6. 피라미 서식지(봄 갈수기)

8. 갈겨니 *Zacco temminckii*

척색동물문〉척추동물아문〉조기어강〉잉어목〉잉어과
Chordata〉Vertebrata〉Actinopterygii〉Cypriniformes〉Cyprinidae

◉ 특징

성어의 크기는 10 - 15cm정도이며 큰 개체는 18 - 20cm되는 것도 있다. 몸은 옆이 납작하고 길다. 등쪽 체색은 녹갈색이며 배쪽은 은백색이고 배의 하단부는 노란색을 띤다. 몸 측면 중앙에는 청색띠와 담흑색의 폭이 넓은 띠가 아가미뚜껑에서 꼬리지느러미 전까지 있다. 산란기에 수컷 몸은 노란색을 띠며 지느러미는 담황색을 띤다.

◉ 생태

비교적 깨끗한 하천의 여울과 수심이 있고 물 흐름이 적은 곳에 주로 모여서 서식한다. 산란기는 5 - 8월이며 수심이 얕고 모래가 깔린 여울에서 산란한다. 계곡의 상류까지도 올라가며 곡간답의 농수로에서도 관찰된다.

◉ 분포

한국, 중국, 일본

사진 8-1. 갈겨니 등면 생태

사진 8-2. 갈겨니 측면

사진 8-3. 갈겨니 측면

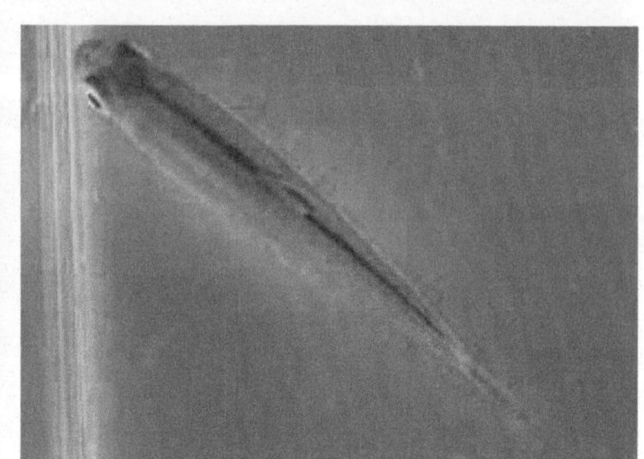

사진 8-4. 갈겨니 등면

사진 8-5. 갈겨니 서식지(계곡 농수로)

9. 참갈겨니 *Zacco koreanus*

척색동물문〉척추동물아문〉조기어강〉잉어목〉잉어과
Chordata〉Vertebrata〉Actinopterygii〉Cypriniformes〉Cyprinidae

◉ 특징

성어의 크기는 12-20cm이다. 몸은 옆이 납작하고 길다. 등쪽 체색은 녹갈색이며 배쪽은 암컷이 은백색, 수컷이 노란색을 띤다. 특히 수컷은 배쪽의 하단부가 붉은색을 띤다. 몸의 측면 중앙에는 청색띠와 담흑색의 폭이 넓은 띠가 아가미에서 꼬리지느러미 전까지 있다. 산란기에 수컷 몸은 노란색을 띠며 지느러미는 담황색을 띠며 검은색의 줄무늬가 있다.갈겨니와 형태는 비슷하나 갈겨니는 동공상단에 둥근 막대형의 붉은색 무늬가 있고 참갈겨니는 없어 구별된다.

◉ 생태

비교적 깨끗한 하천의 여울과 수심이 있는 곳에 주로 모여서 서식한다. 산란기는 5-7월이며 수심이 얕고 모래가 깔린 여울에서 산란한다. 계곡의 상류까지도 올라가며 곡간답의 농수로나 하천에 떼로 서식한다.

◉ 분포

한국

사진 9-1. 참갈겨니 암컷 등면

사진 9-2. 참갈겨니 측면

사진 9-3. 참갈겨니 서식 계곡형 하천(거제도)

10. 왜몰개 *Aphyocypris chinensis*

척색동물문〉척추동물아문〉조기어강〉잉어목〉잉어과
Chordata〉Vertebrata〉Actinopterygii〉Cypriniformes〉Cyprinidae

◉ 특징

성어의 크기는 6cm정도로 소형에 속한다. 몸은 옆이 납작하고 체고가 높은 편이다. 입은 크고 눈 아래부터 거의 45° 각도로 급격히 휘어진다. 뒷지느러미 연조수는 7개정도이다. 등쪽 체색은 녹갈색이며 배쪽은 은백색이다. 등선 바로 밑에 아가미부터 꼬리지느러미 전까지 폭이 넓은 금색의 선이 있어 눈에 잘 띈다. 배지느러미와 꼬리지느러미 상하 바깥쪽은 연갈색을 띤다. 송사리와 서식처, 체형 및 체색 등이 비슷하여 혼동하기 쉽다.

◉ 생태

비교적 평지의 하천과 농수로의 정체된 곳에 주로 모여 서식한다. 산란기는 5-6월이며 수심이 얕고 정체된 곳에서 수초에 알을 붙여 산란한다. 물에 떨어지는 곤충이나 장구벌레처럼 유영하는 수서곤충을 잘 잡아먹는다.

◉ 분포

한국, 일본, 중국, 대만

사진 10-1. 왜몰개 측면

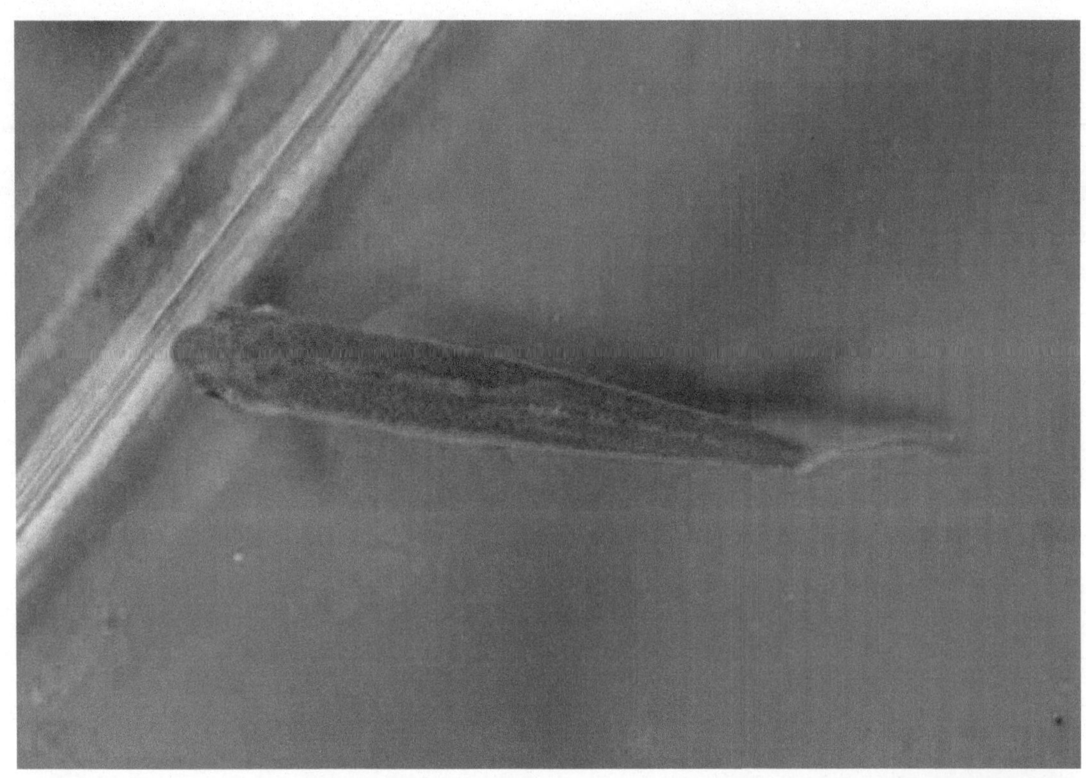

사진 10-2. 왜몰개 등면

사진 10-3. 왜몰개 서식 농수로

11. 버들매치 *Abbottina rivularis*

척색동물문〉척추동물아문〉조기어강〉잉어목〉잉어과
Chordata〉Vertebrata〉Actinopterygii〉Cypriniformes〉Cyprinidae

◉ 특징

성어의 크기는 9 - 12cm이다. 모래무지와 외형이 비슷하지만 모래무지보다 훨씬 작다. 머리는 뭉툭하고 크다. 주둥이는 짧고 작으며 입가에는 수염이 한 쌍 있다. 등지느러미 연조수는 7개 내외, 꼬리지느러미 연조수는 5개이다. 등쪽 체색은 황갈색 바탕에 어두운 흑색을 띠며 배쪽은 흰색을 띤다.

◉ 생태

서해와 남해로 유입하는 하천에 분포한다. 유속이 완만하고 바닥이 모래, 진흙인 하천, 저수지 등에 서식한다. 산란기는 4 - 5월이며 수심이 50cm미만이고 수초가 많은 진흙 바닥을 선호한다. 잡식성이다.

◉ 분포

한국, 중국, 일본

사진 11-1. 버들매치 등면

사진 11-2. 버들매치 측면

사진 11-3. 버들매치 서식 농수로(강화군 송산면 율수리)

12. 쌀미꾸리 *Lefua costata*

척색동물문〉척추동물아문〉조기어강〉잉어목〉종개과
Chordata〉Vertebrata〉Actinopterygii〉Cypriniformes〉Balitoridae

◉ 특징

성어의 크기는 5 - 6cm이다. 머리는 좌측과 우측이 조금 납작하며, 몸은 원통형이며, 꼬리는 납작하다. 입은 주둥이 아래에 있다. 등지느러미 연조수는 6개, 뒷지느러미 연조수는 5개이다. 입수염은 윗입술에 3쌍, 외비공 앞쪽에 1쌍이 있다. 등쪽 체색은 짙은 갈색이고 배쪽은 흰색이다. 수컷은 주둥이부터 지느러미까지 폭이 넓은 검은색 줄무늬가 있지만 암컷은 불명확하다.

◉ 생태

진흙 또는 모래나 자갈이 많으며 수심이 얕고 물풀이 많고 찬물이 나는 곡간답의 온수로, 물웅덩이 등에 주로 서식한다. 산란은 4월 하순에서 6월 상순사이에 한다. 바닥에 몸을 붙이지 않고 주로 물의 중층에서 헤엄치는 습성이 있다.

◉ 분포

한국, 중국, 일본

사진 12-1. 쌀미꾸리 등면

사진 12-2. 쌀미꾸리 측면

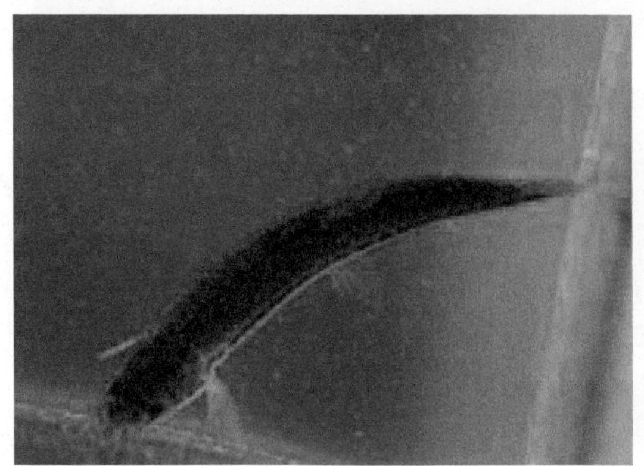
사진 12-3. 쌀미꾸리 앞등면

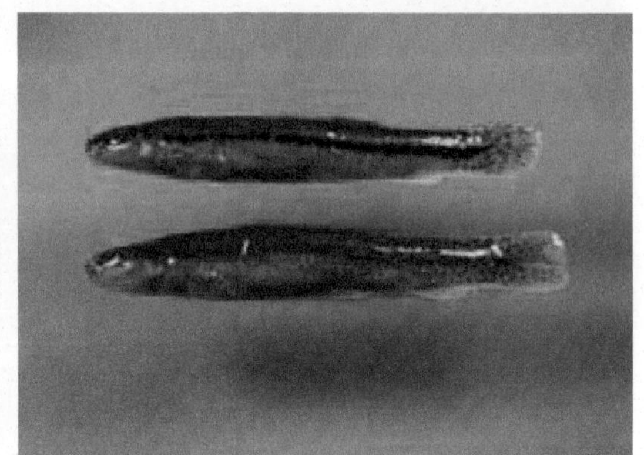
사진 12-4. 쌀미꾸리 수컷(상), 암컷(하) 측면

사진 12-5. 쌀미꾸리 서식지(곡간답 온수로)

13. 미꾸리 *Misgurnus anguillicaudatus*

척색동물문〉척추동물아문〉조기어강〉잉어목〉미꾸리과
Chordata〉Vertebrata〉Actinopterygii〉Cypriniformes〉Cobitidae

◉ 특징

성어의 크기는 10 - 17cm이다. 머리는 원추형으로 위아래가 조금 납작하며, 몸은 원통형으로 가늘고 길다. 주둥이는 길며 입은 말굽형으로 주둥이 아래에 있다. 등지느러미 연조수는 6개, 뒷지느러미 연조수는 5개, 새파수는 14 - 16개, 척추골수는 42 - 46개이다. 입수염은 3쌍이며 윗입술 마지막 수염이 가장 길다. 체색과 반점무늬는 변이가 심하지만 일반적으로 등면은 노란 바탕에 어두운 청갈색을 띠며, 배면은 담황갈색을 띤다. 서식지 특성이나 수온, 스트레스 등에 의해 연하고 밝은 붉은색을 띠기도 한다. 산란기에는 혼인색으로 황금색을 띤다. 유사종 미꾸라지와의 차이는 다음과 같다. 미꾸리는 수염이 눈 지름의 2.5배 이하이고, 미꾸라지는 4배정도이다. 미꾸라지는 미꾸리에 비해 꼬리자루에 융기연이 현저하게 발달한다. 미꾸리는 꼬리지느러미의 점무늬가 규칙적으로 배열되어 있고, 미꾸리는 흩어져 있다.

◉ 생태

진흙이 많은 늪이나 수심이 얕고 물풀이 많은 소형 저수지에 주로 서식하다. 특히 논은 예전부터 미꾸리의 주요 서식지 역할을 하였다. 산란기는 6 - 7월이며, 논에서는 4 - 5월 논에 물을 대기 시작할 때 들어와서 산란한다. 이앙 후 담수 상태가 되면 치어가 나타난다. 현대 농업에 있어서 미꾸라지와 더불어 논에 정착하여 살 수 있는 유일한 어류라고 할 수 있다. 치어 시기에는 논에서 1평방미터 당 80 - 170마리까지 채집되었다. 월동 개체수에 대해서는 알려진 바가 없지만 연중 담수되어 있는 피난처(둠벙, 농수로 등)나 하천 등이 논과 접하고 있으면 이듬해 출현하는 개체수가 증가하는 것으로 나타났다.

◉ 분포

한국, 중국, 일본

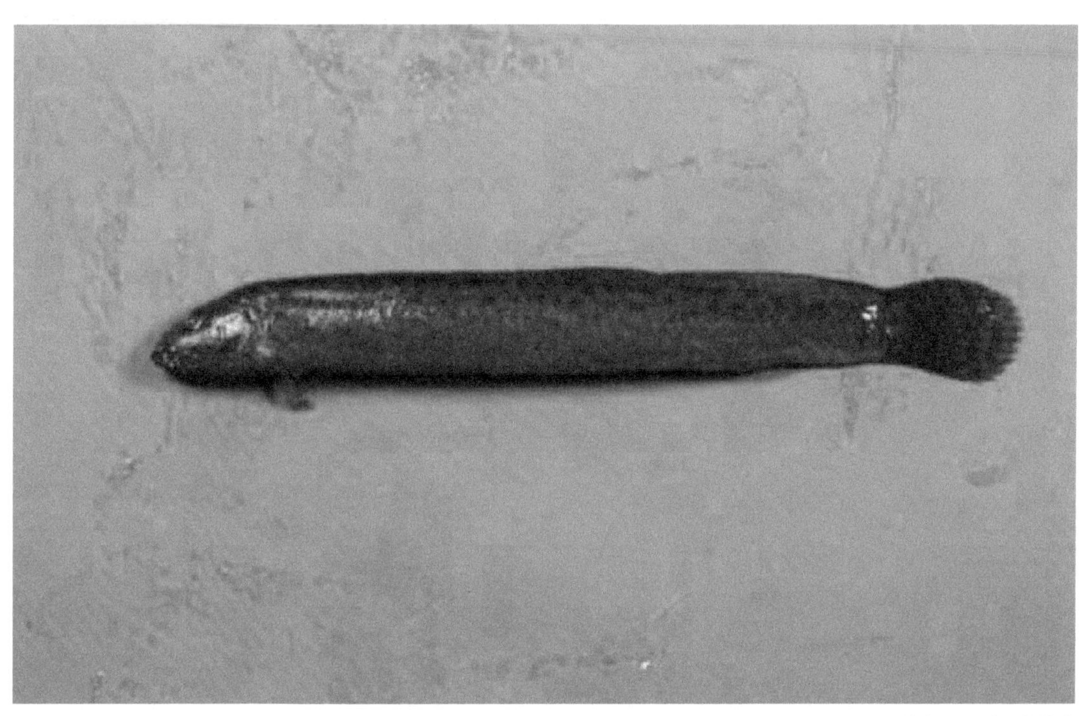

사진 13-1. 미꾸리 측면

사진 13-2. 미꾸리 등면(상: 체색변화가 심한상태)

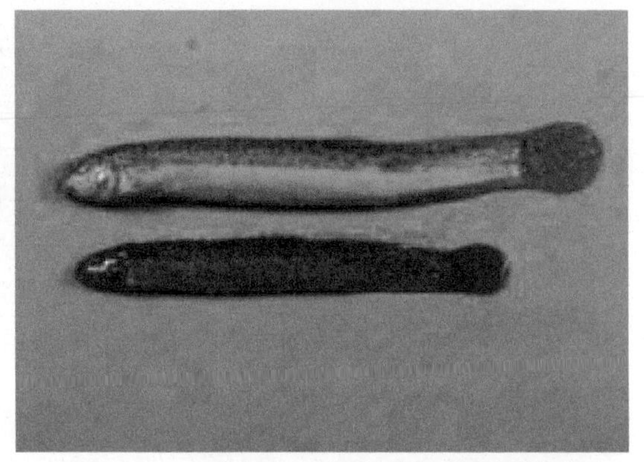

사진 13-3. 미꾸라지(상), 미꾸리(하) 측면 비교

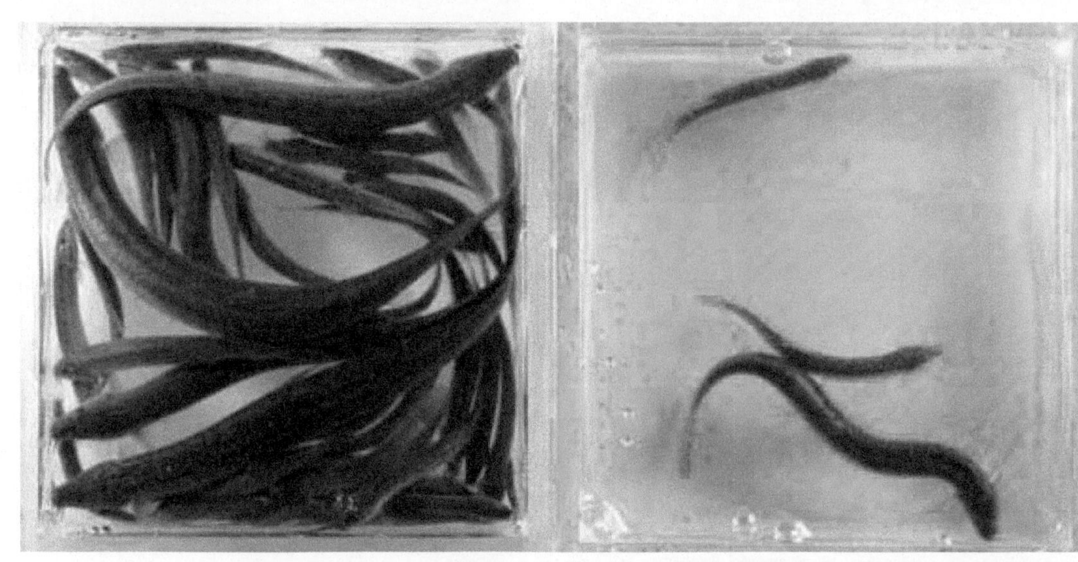

사진 13-4. 좌: 유기재배논(44마리/미꾸리망1개), 우: 일반재배논(3마리/미꾸리망1개)

사진 13-5. 미꾸리 꼬리지느러미 반점 줄무늬 형태

14. 미꾸라지 *Misgurnus mizolepis*

척색동물문〉척추동물아문〉조기어강〉잉어목〉미꾸리과
Chordata〉Vertebrata〉Actinopterygii〉Cypriniformes〉Cobitidae

◉ 특징

성어의 크기는 약 20cm이다. 머리는 위아래가 조금 납작하며, 몸은 원통형으로 체고가 미꾸리보다 높은 편이다. 등지느러미 연조수는 6-7개, 뒷지느러미 연조수는 5개, 새파수는 19-21개, 척추골수는 45-49개이다. 입수염은 3쌍이며 마지막 3번째 수염이 가장 길고 눈 지름의 약 4배이다. 등쪽 체색은 황갈색 바탕에 암청색을 띠며, 배쪽은 회백색을 띠지만 스트레스를 받거나 흥분하면 밝은 황색을 띤다. 서식지에 따라 체색이 변한다.

◉ 생태

진흙이 많은 늪이나 수심이 얕고 물풀이 많은 소형 저수지에 주로 서식하다. 특히 논은 예전부터 미꾸라지의 주요 서식지 역할을 하였다. 산란기는 4-6월이며, 논에서는 4-5월 논에 물을 대기 시작할 때 들어와서 산란한다. 이앙 후 담수 상태가 되면 치어가 나타난다. 현대 농업에 있어서 미꾸리와 더불어 논에 정착하여 살 수 있는 유일한 어류라고 할 수 있다. 치어 시기에는 논에서 1평방미터 당 40-70마리까지 채집되었다. 월동 개체수에 대해서는 알려진 바가 없지만 연중 담수되어 있는 피난처(둠벙, 농수로 등)나 하천 등이 논과 접하고 있으면 이듬해 출현하는 개체수가 증가하는 것으로 나타났다.

◉ 분포

한국, 중국, 일본

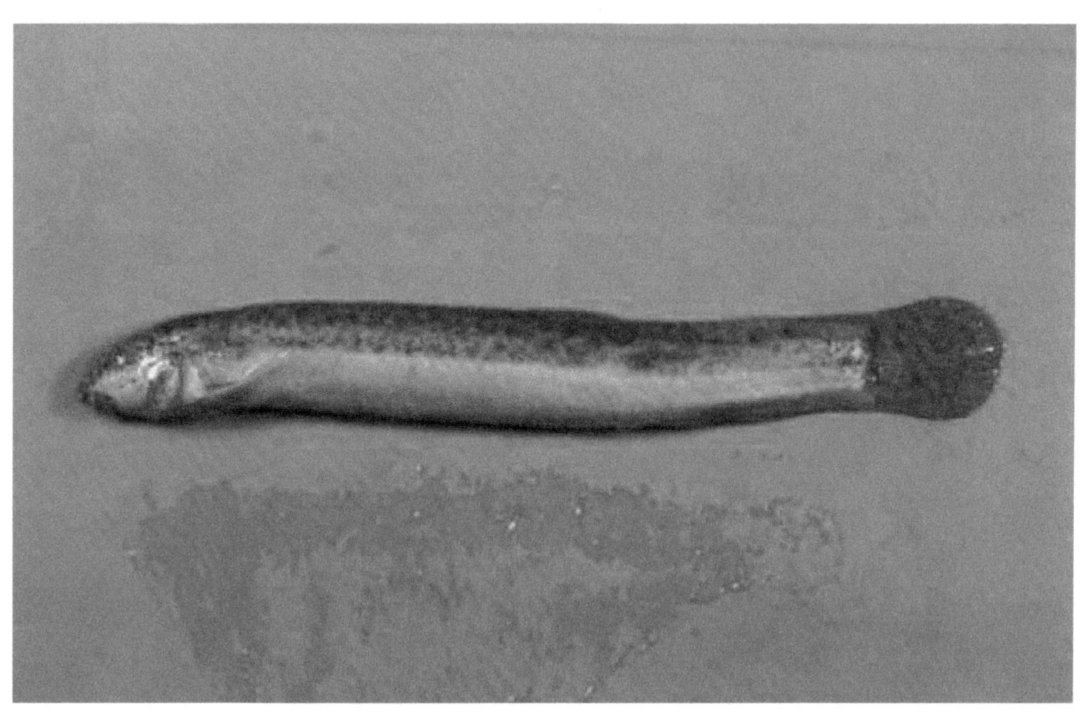

사진 14-1. 미꾸라지 측면

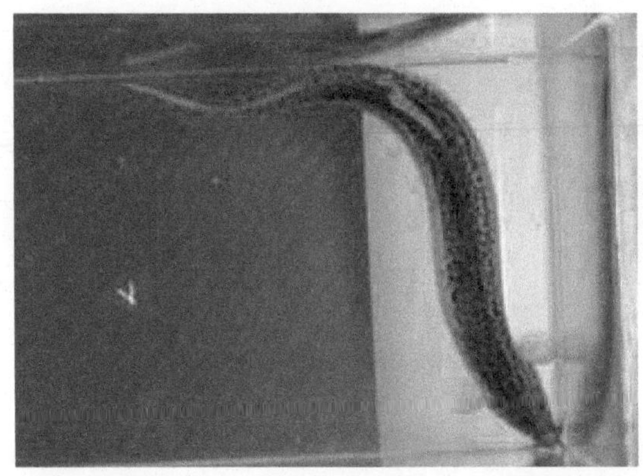

사진 14-2. 미꾸라지 등면

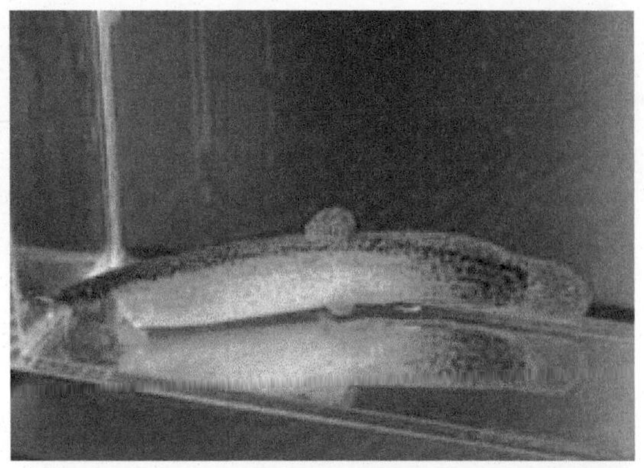

사진 14-3. 미꾸라지 측면 점무늬 산재형태

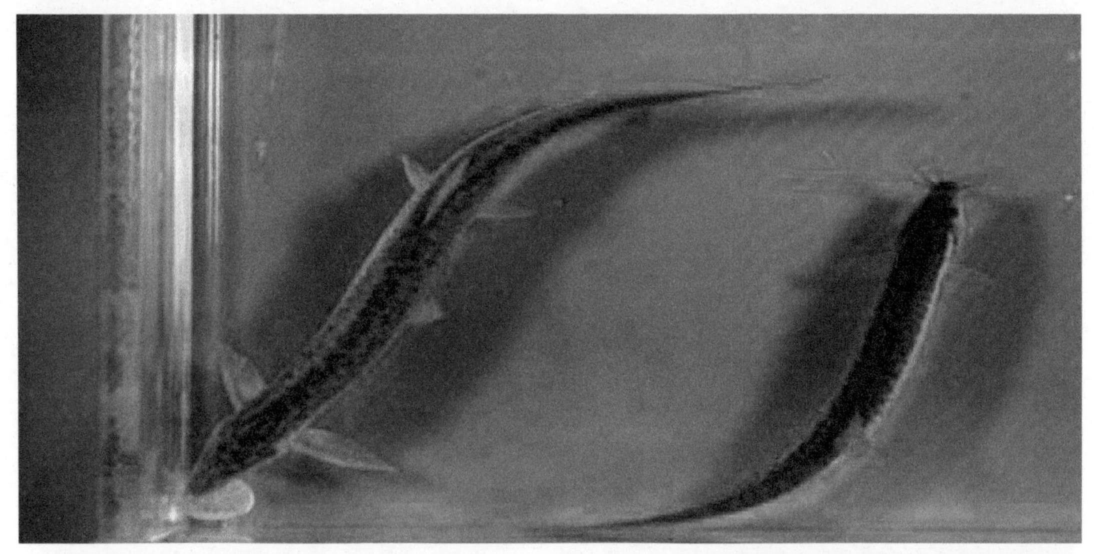

사진 14-4. 좌: 미꾸라지, 우: 미꾸리 등면 비교

사진 14-5 김제 유기논 어류 채집량(43마리/1미꾸리망)

사진 14-6. 김제 일반논 어류 채집량(6마리/1미꾸리망)

15. 메기 *Silurus asotus*

척색동물문〉척추동물아문〉조기어강〉메기목〉메기과
Chordata〉Vertebrata〉Actinopterygii〉Siluriformes〉Siluridae

◉ 특징

성어의 크기는 보통 30 - 60cm이며 간혹 100cm정도의 개체도 출현한다. 몸은 원통형이고 가슴지느러미부터 측면이 납작한 형태이다. 머리는 상하로 납작하다. 입가에 전비공의 앞과 하악에 수염이 1쌍씩 있다. 비늘이 없어 다른 어종과 쉽게 구별된다. 가슴지느러미에 있는 가시에는 톱니모양의 거치가 있어 잡을 때 손에 찔릴 수도 있으며 뒷지느러미는 길어서 꼬리지느러미와 연결된다. 등지느러미는 연조수가 5개이고 크고 길어서 작고 흔적이 있는 정도의 미유기와 구별된다. 체색은 흑갈색이며 몸의 측면 중앙에는 검은 바탕에 흰색의 점선이 있다.

◉ 생태

비교적 수심이 깊은 바위 밑이나 말즘과 같은 수초가 많은 완만한 여울에 서식한다. 산란기는 5 - 7월이며 서식지와 연결된 농수로가 있으면 논에서도 산란한다. 논에서 부화한 치어는 논에서 어느 정도 성장한 후 물이 깊은 서식처로 회귀하는 습성을 가지고 있다. 하지만 현재의 대부분의 논은 서식지와 논의 연결성이 좋지 않기 때문에 논에 발생한 치어가 성장하여 서식지로 회귀하지 못하고 죽는 경우가 많다. 이들의 안전한 회귀를 위해 건조기 수로에 물을 채워 회피장소를 제공하거나 물떼기 방식을 야간에 여러 차례 나누어 떼는 물흘러데기 방식으로 전환할 필요가 있다. 밤에 주로 먹이활동을 한다.

◉ 분포

한국, 일본, 중국, 대만

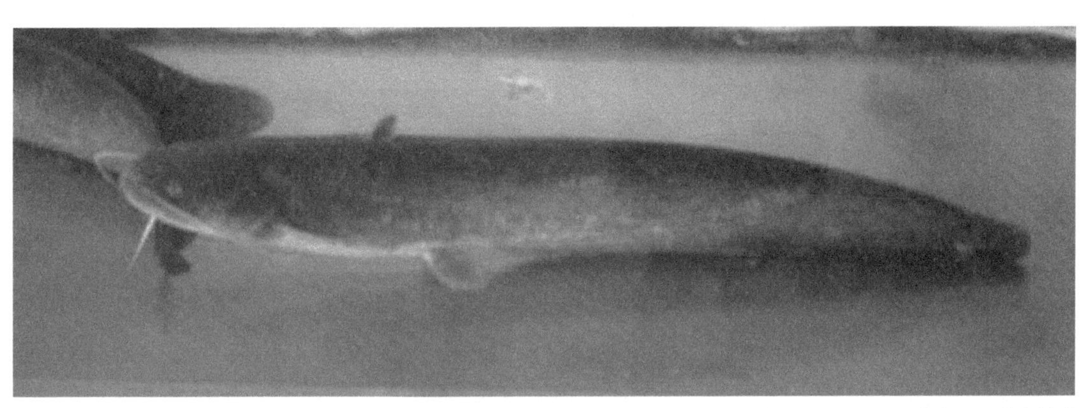

사진 15-1. 메기 측면

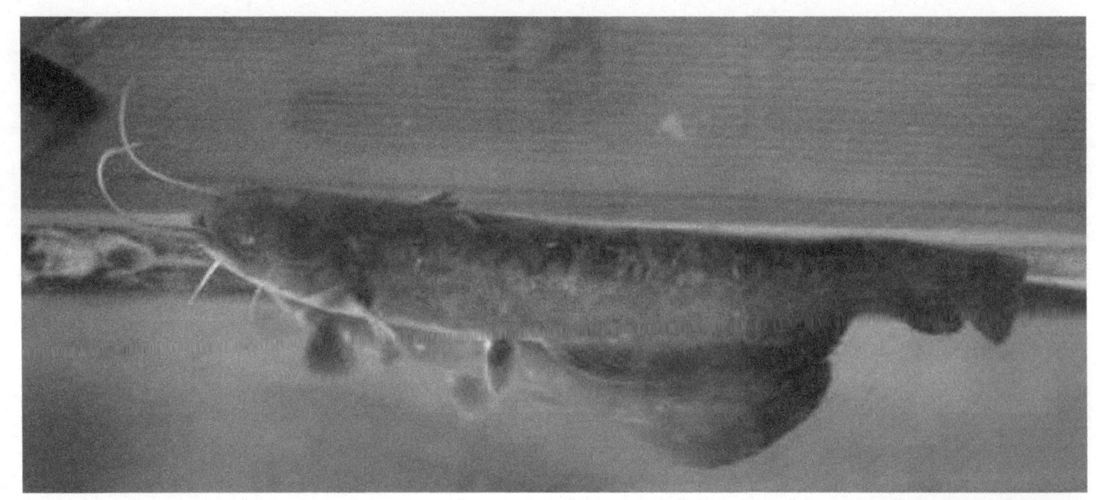

사진 15-2. 메기 측면

사진 15-3. 메기들

사진 15-4. 메기 서식지(청성보)

16. 미유기 *Silurus microdorsalis*

척색동물문〉척추동물아문〉조기어강〉메기목〉메기과
Chordata〉Vertebrata〉Actinopterygii〉Siluriformes〉Siluridae

◉ 특징

성어의 크기는 25cm이상이다. 입이 크고, 입가에 전비공의 앞과 하악에 수염이 1쌍씩 있다. 비늘이 없어 다른 어종과 쉽게 구별된다. 가슴지느러미에 있는 가시에는 톱니모양의 거치가 있어 잡을 때 손에 찔릴 수도 있으며 뒷지느러미는 길어서 꼬리지느러미와 연결된다. 등지느러미 연조수는 3개이며 작다. 가슴지느러미 앞쪽 등면의 체색은 흑갈색이고 뒤쪽은 노란색이다. 측선은 분명하지만 메기처럼 한눈에 들어오지는 않는다. 꼬리지느러미와 뒷지느러미도 노란색으로 흑살색인 메기와 구별된다.

◉ 생태

전국적으로 분포하며, 비교적 수심이 깊은 바위 밑이나 수심이 1m정도 되고 수초가 많은 완만한 여울에서 주로 서식한다. 산란기는 5월이다. 밤에 주로 먹이활동을 한다. 전국의 하천 중· 상류에 주로 서식하며 곡간논 근처의 유입부에서는 발견되지만 논에는 유입하지 않는다.

◉ 분포

한국

사진 16-1. 미유기 앞면

사진 16-2. 미유기 측면

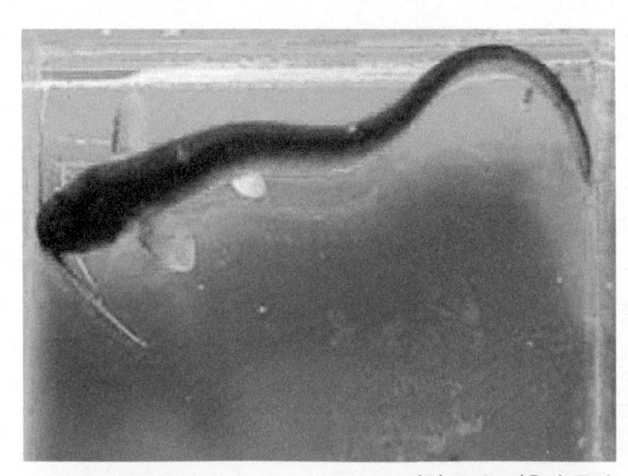
사진 16-3. 미유기 등면

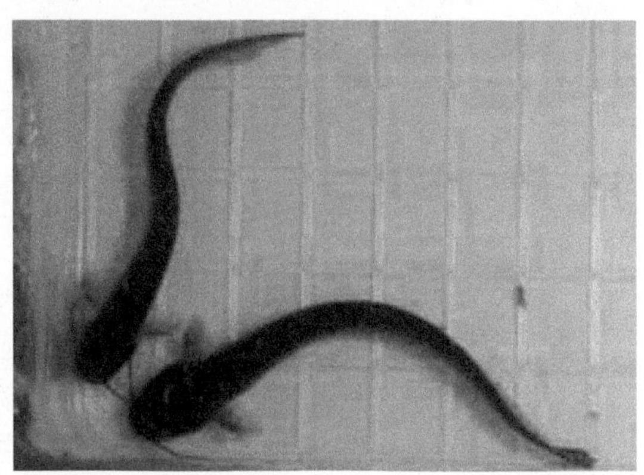
사진 16-4. 미유기 등면

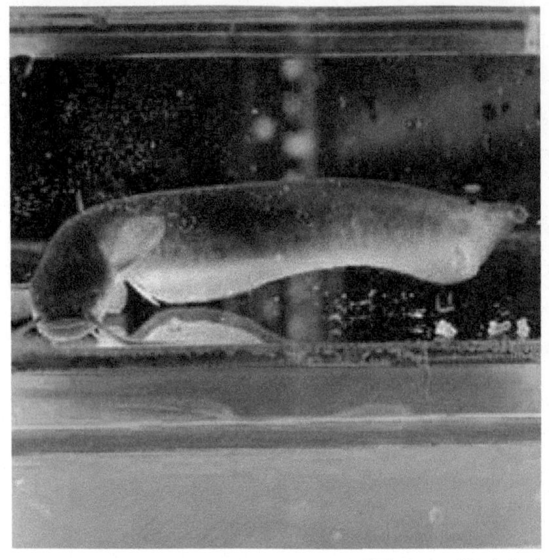
사진 16-5. 미유기 측면

사진 16-6. 미유기 서식지(하천 중상류)

17. 대륙송사리 *Oryzias sinensis*

척색동물문〉척추동물아문〉조기어강〉동갈치목〉송사리과
Chordata〉Vertebrata〉Actinopterygii〉Beloniformes〉Adrianichthyidae

◉ 특징

성어의 크기는 4cm미만으로 송사리보다 조금 작다. 몸은 유선형이며 배 부분의 체고가 높아 볼록한 형태이다. 꼬리로 갈수록 좁아져서 먹이를 먹으면 올챙이 형태가 된다. 머리는 종으로 편평하고 눈은 매우 크다. 등지느러미는 다른 어종과 달리 중간부분에 있지 않고 뒤쪽으로 치우쳐 있어서 꼬리와 가깝게 위치한다. 암컷이 수컷보다 체장, 체고가 약간 크다.

◉ 생태

국내에서 서해가 유입하는 하천에는 대륙송사리가 분포하며, 동해와 남해가 유입하는 하천에는 송사리가 분포한다. 비교적 수심이 얕고 물 흐름이 없는 늪, 저수지, 강, 하천, 물웅덩이 등에 주로 서식한다. 논에 담수상태가 되면 이입되어 먹이활동을 하며 주로 소형 저서무척추동물을 섭식한다. 특히 모기유충을 잘 섭식하여 모기구제에 중요한 역할을 한다. 산란기는 5 - 7월이며 아침에 주로 산란한다. 암컷이 알을 달고 다니기 때문에 산란기에는 암수의 구별이 쉽다.

◉ 분포

한국, 중국

사진 17-1. 대륙송사리 측면

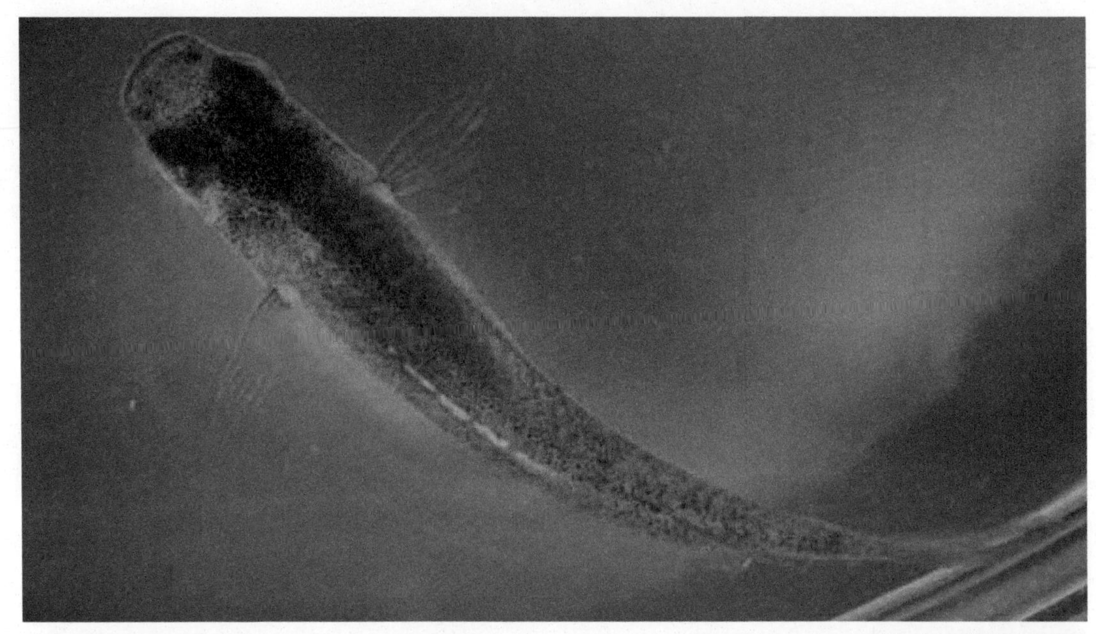

사진 17-2. 대륙송사리 등면

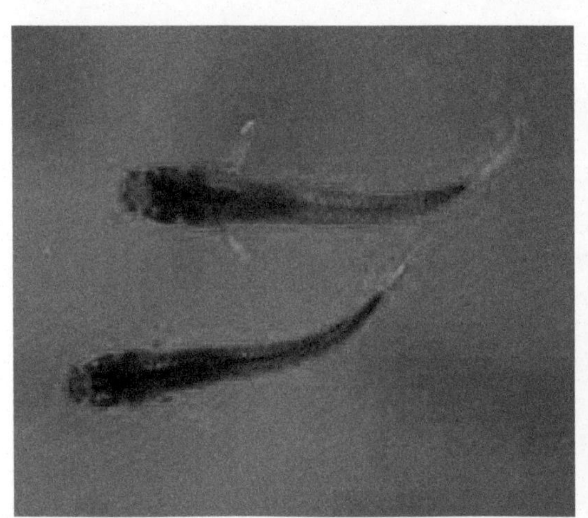

사진 17-3. 대륙송사리 등면

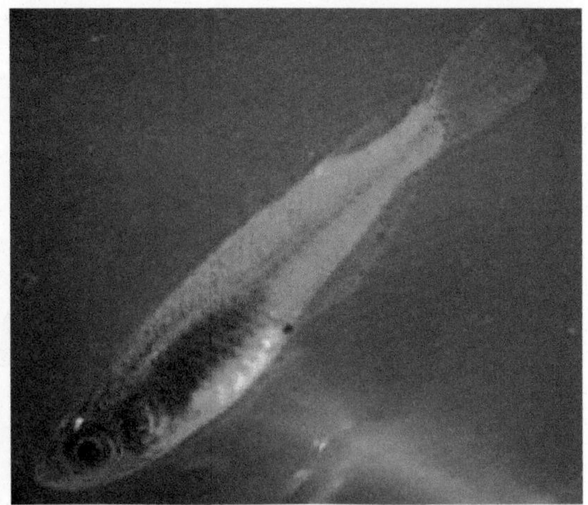

사진 17-4. 대륙송사리 등면

사진 17-5. 대륙송사리 서식지

18. 송사리 *Oryzias latipes*

척색동물문〉척추동물아문〉조기어강〉동갈치목〉송사리과
Chordata〉Vertebrata〉Actinopterygii〉Beloniformes〉Adrianichthyidae

◉ 특징

성어의 크기는 5cm미만으로 대륙송사리보다 조금 크다. 몸은 유선형이며 배 부분의 체고만 높아서 볼록한 형태이다. 머리는 종으로 편평하고 눈은 매우 크다. 등지느러미는 다른 어종과 달리 중간부분에 있지 않고 뒤쪽으로 치우쳐 있어서 꼬리와 가깝게 위치한다. 암컷이 수컷보다 체장, 체고 및 지느러미가 약간 크다.

◉ 생태

국내에서 동해와 남해가 유입하는 하천에 분포한다. 비교적 수심이 얕고 물 흐름이 없는 늪, 저수지, 강, 하천, 물웅덩이 등에 주로 서식한다. 논에 담수상태가 되면 이입되어 먹이활동을 하며 주로 소형 저서무척추동물을 섭식한다. 특히 모기유충을 잘 섭식하여 무기구제에 중요한 역할을 한다. 산란기는 5-7월이며 아침에 주로 산란한다. 암컷이 알을 달고 다니기 때문에 산란기에는 암수의 구별이 쉽다.

◉ 분포

한국, 일본

사진 18-1. 송사리 등면

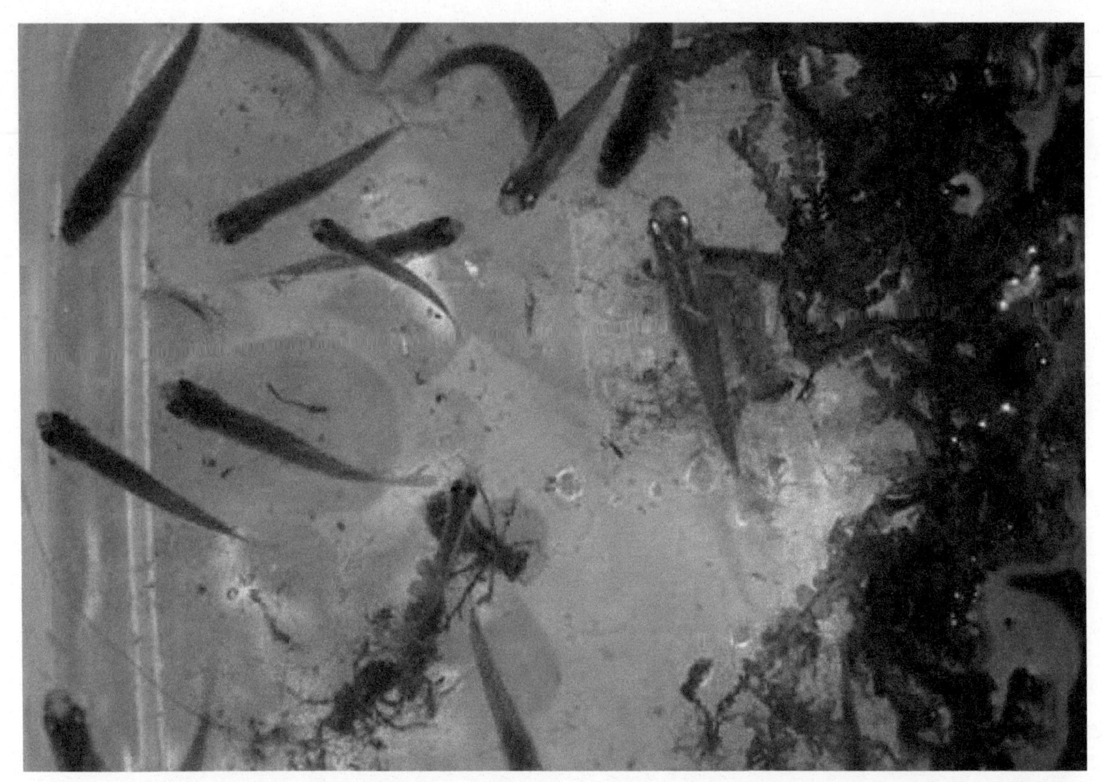

사진 18-2. 송사리 등면

사진 18-3. 송사리 수컷 측면 흑색점무늬

19. 잔가시고기 *Pungitius kaibare*

척색동물문〉척추동물아문〉조기어강〉큰가시고기목〉큰가시고기과
Chordata〉Vertebrata〉Actinopterygii〉Gasterosteiformes〉Gasterosteidae

◉ 특징

성어의 크기는 7cm정도이다. 몸은 긴타원형에 꼬리쪽만 원통형이며, 심하게 좌우로 납작하다. 등지느러미 앞쪽은 긴 가시가 8-9개 검은색의 기조막으로 연결되어 있고 그 뒤로 등지느러미가 있다. 체색은 담녹색 바탕에 검은 점이 산재한다. 배쪽은 암수 모두 은황색이지만, 등쪽은 연갈색에 가깝고 짙은 흑갈색을 띠는 것이 수컷이고 전체가 밝은 은갈색을 띠는 것이 암컷이다. 유사종인 가시고기의 등가시 기조막은 잔가시고기와 같이 검지 않고 투명해서 구별된다.

◉ 생태

동해안으로 흐르는 하천 중· 상류와 이와 연결된 해안의 얕은 작은 수로에 서식한다. 물이 오염되지 않은 물이 흐르고 추수식물이 많은 곳에서 무리지어 다닌다.

◉ 분포

한국

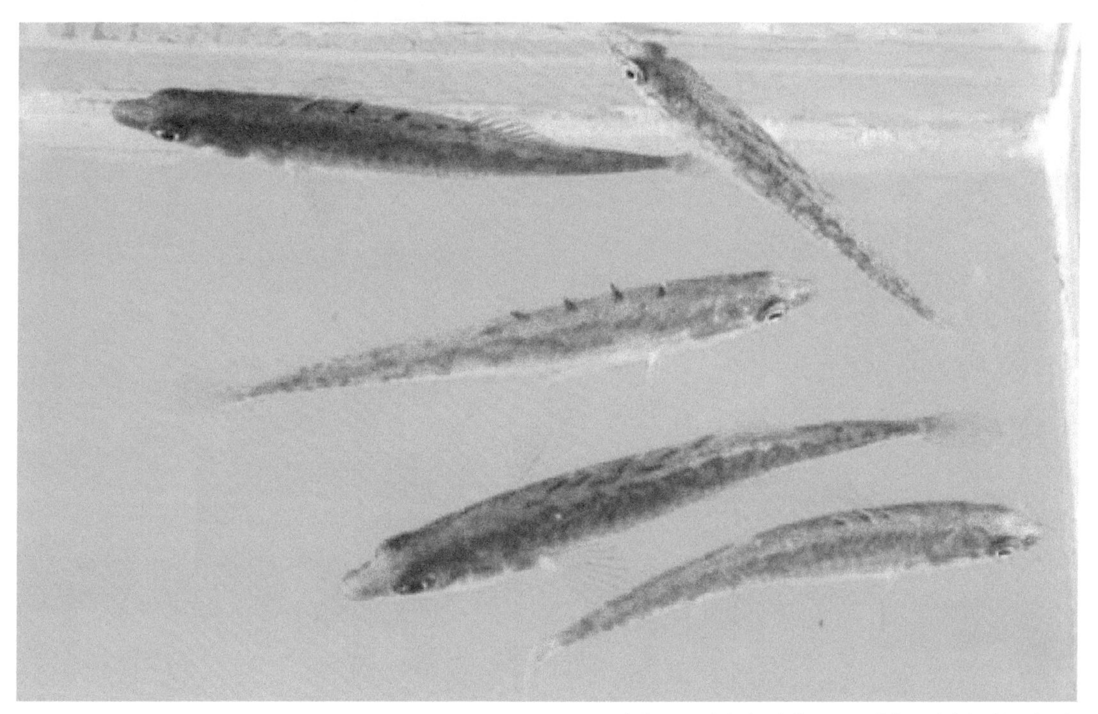

사진 19-1. 잔가시고기의 등쪽 무늬와 등가시의 검은 기조막

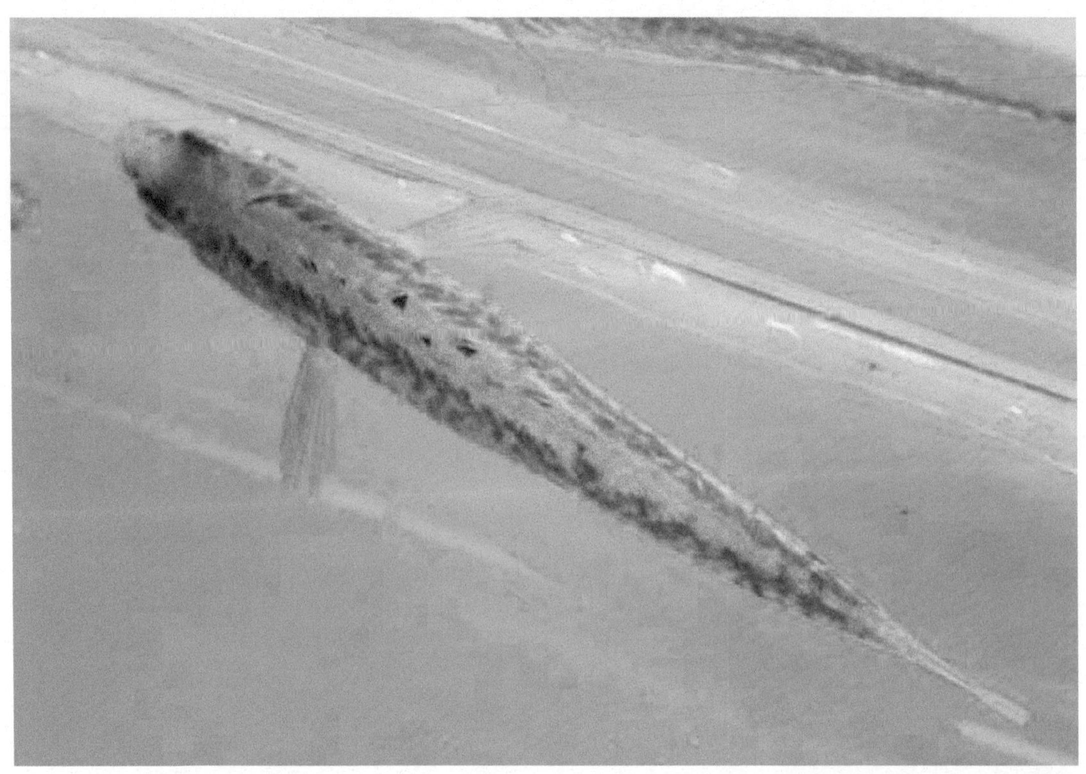

사진 19-2. 잔가시고기 등가시 배열형태

사진 19-3. 잔가시고기 측면 등가시 배열형태

20. 드렁허리 *Monopterus albus*

척색동물문〉척추동물아문〉조기어강〉드렁허리목〉드렁허리과
Chordata〉Vertebrata〉Actinopterygii〉Synbranchiformes〉Synbranchidae

◉ 특징

성어의 크기는 60cm정도이다. 몸통은 길고 체형은 뱀장어와 같아서 혼동되기도 한다. 또한 배면은 무자치의 복부색과 무늬가 유사하다. 하악과 구개골에 날카로운 작은 이빨이 밀집해 있고 서골에도 날카로운 이빨이 있지만 수는 적다. 눈은 매우 작다. 꼬리지느러미는 흔적이 남아 있지만 다른 지느러미는 없다. 등쪽의 체색은 짙은 황갈색이지만 물이 묻으면 검은 색으로 보이며 배쪽은 주황색이나 짙은 갈색이다.

◉ 생태

전국적으로 분포하며, 진흙이 많은 농수로와 논에 주로 서식한다. 낙수기에는 굴을 파고 살기 때문에 60 - 70년대에는 둑을 무너트리는 생물로 오인하여 보는 대로 잡아서 죽였다. 현재는 환경지표생물과 한약제로 쓰이기 때문에 귀한 대접을 받는 생물이 되었다.

◉ 분포

한국, 중국, 일본, 인도네시아 등

사진 20-1. 드렁허리 등면(미꾸리 포획망에 채집 된 것)

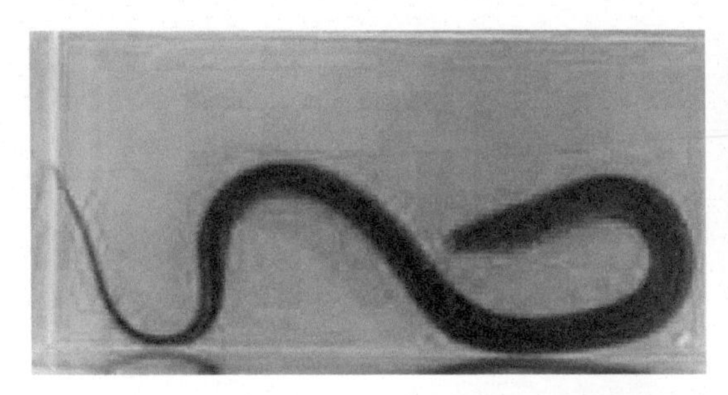

사진 20-2. 드렁허리 등면

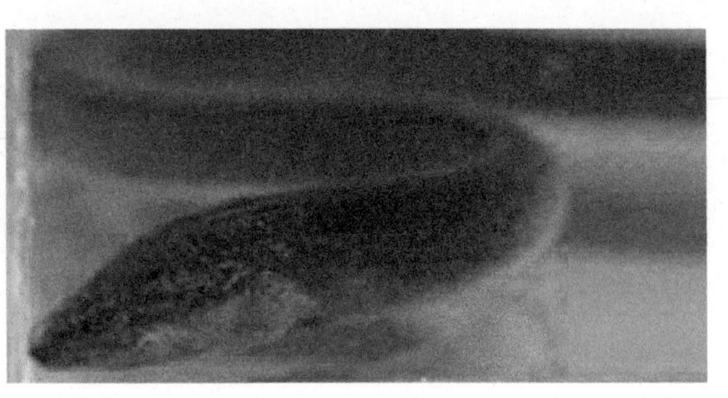

사진 20-3. 드렁허리 머리 측면

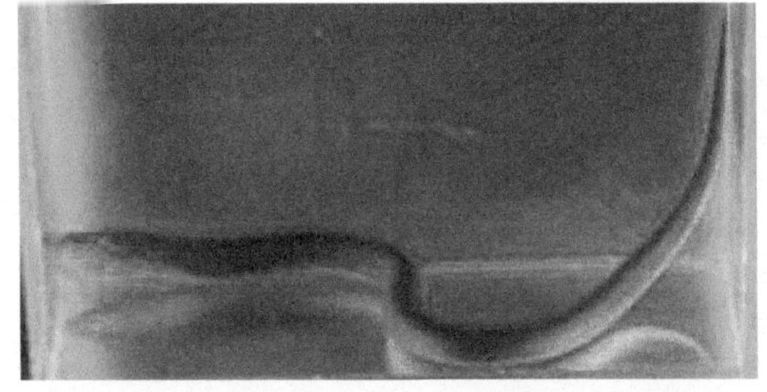

사진 20-4. 드렁허리 측면

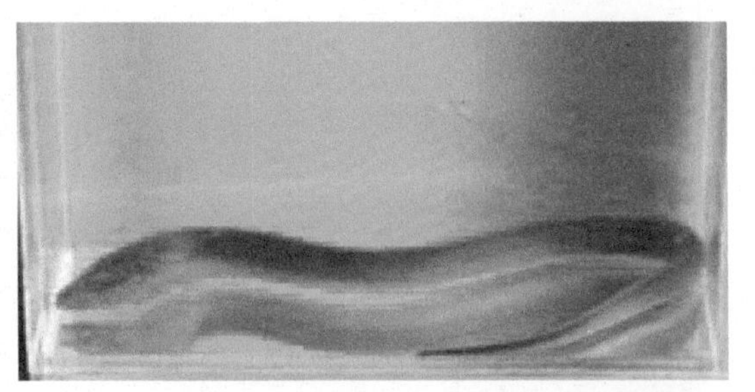

사진 20-5. 드렁허리 측면

사진 20-6. 드렁허리 서식지(농수로)

21. 얼록동사리 *Odontobutis obscurus interrupta*

척색동물문〉척추동물아문〉조기어강〉농어목〉동사리과
Chordata〉Vertebrata〉Actinopterygii〉Perciformes〉Odontobutidae

◉ 특징

성어의 크기는 10 - 15cm정도이다. 몸은 원통형이지만 뒤쪽으로 갈수록 점차 좌우로 납작해진다. 머리는 상하로 납작하며 주둥이는 둥글다. 입은 크고 벌리면 자신의 몸통과 같은 크기의 먹이도 삼킬 수 있으며 악골에는 날카로운 이빨이 많아 물리면 다칠 수 있다. 눈은 작고 머리의 등쪽에 있으며 튀어나와 있다. 제 2 등지느러미의 연조수는 8 - 9개, 뒷지느러미는 수는 6 - 8개이다. 체색은 황갈색 바탕에 암갈색의 작은 점무늬가 산재한다. 제 1 등지느러미 기저부 중앙 및 뒤쪽 꼬리지느러미의 기부 등쪽에 폭이 넓은 반점무늬가 있다. 이러한 반점무늬에 의해 동사리와 구별된다.

◉ 생태

금강과 만경강 이북의 서해로 유입하는 하천에 분포한다. 하천 중· 상류의 유속이 완만하고 자갈이 많은 곳이 주요 서식지이지만 저수지, 늪 등의 진흙이 쌓인 곳에도 채집된다. 산란기는 5 - 6월이며 정체된 수역의 돌 밑 공간에 부착산란한다. 수컷이 산란터를 지킨다. 본 도감에 수록된 종은 저수지 밑에 위치하며 폭이 넓은 수로와 인접한 논에서 미꾸리망으로 채집한 것이다.

◉ 분포

한국

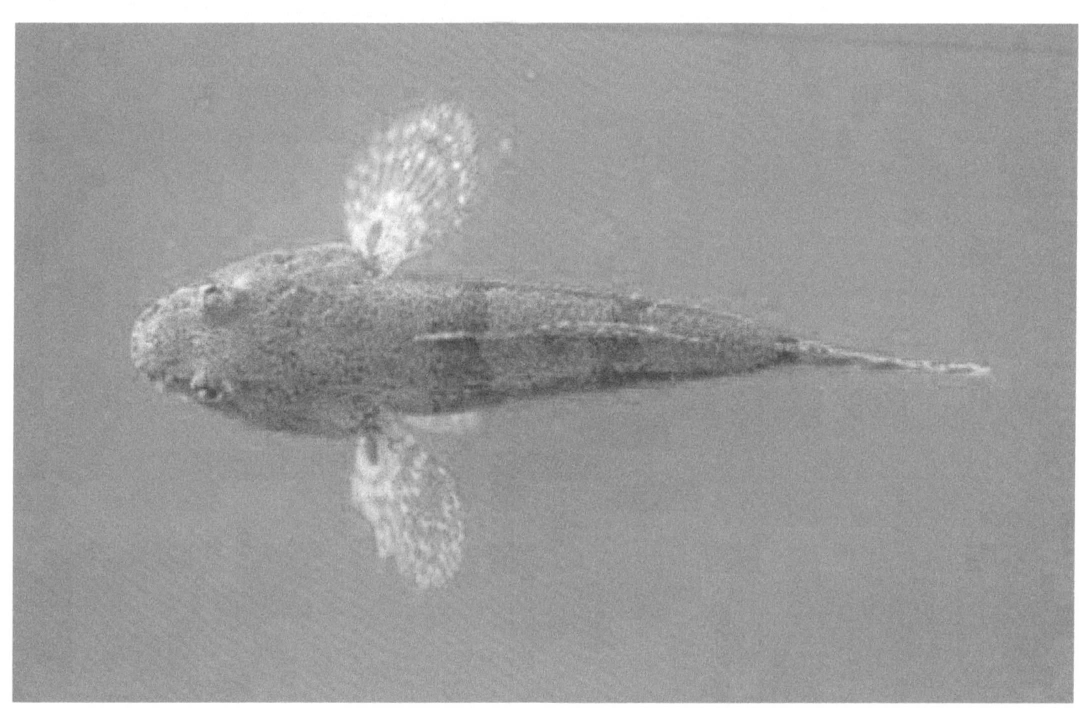

사진 21-1. 얼록동사리 등면

사진 21-2. 얼룩동사리 측면

사진 21-3. 얼룩동사리 채집 논 전경(앞쪽 저수지 뚝 및 우측 소하천)

22. 밀어 *Rhinogobius brunneus*

척색동물문〉척추동물아문〉조기어강〉농어목〉망둑어과
Chordata〉Vertebrata〉Actinopterygii〉Perciformes〉Gobiidae

◉ 특징

성어의 크기는 8cm정도이다. 몸은 원통형이지만 뒤쪽으로 갈수록 점차 좌우로 납작해진다. 주둥이는 둥글다. 꼬리지느러미는 둥글고 배지느러미는 흡반 형태로 둥글게 되어있다. 체색은 담갈색 바탕에 몸통 측변 등쪽에 7개의 큰 암갈색 반점 무늬가 있지만 변이가 심하다. 눈 앞쪽엔 적갈색의 V형 무늬가 있다.

◉ 생태

전국적으로 분포하며 일반적으로 하천 중류의 수심이 얕은 여울 자갈밭에 서식하지만 농수로에서도 서식한다. 상당히 부영양화된 농수로에서도 채집되는 것으로 보아 수질에는 크게 영향을 받지 않는 것으로 보인다. 산란기는 5-7월이며 여울의 돌 밑에 부착산란한다. 수컷이 산란터를 지킨다.

◉ 분포

한국, 일본, 중국, 러시아 연해주

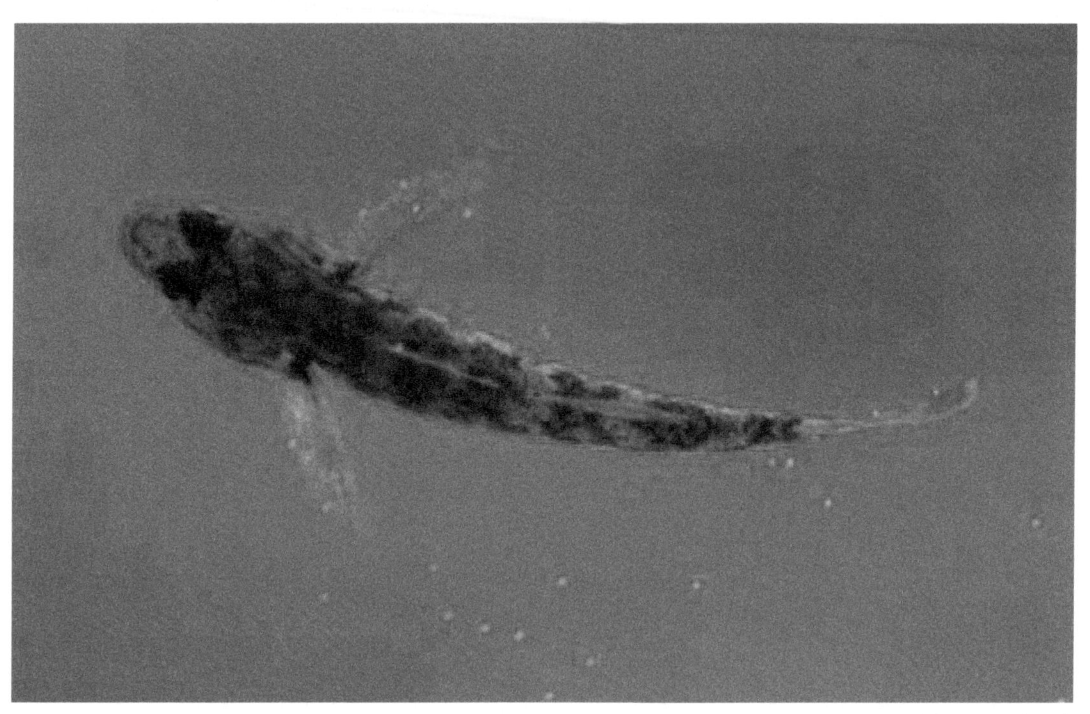

사진 22-1. 밀어 등면

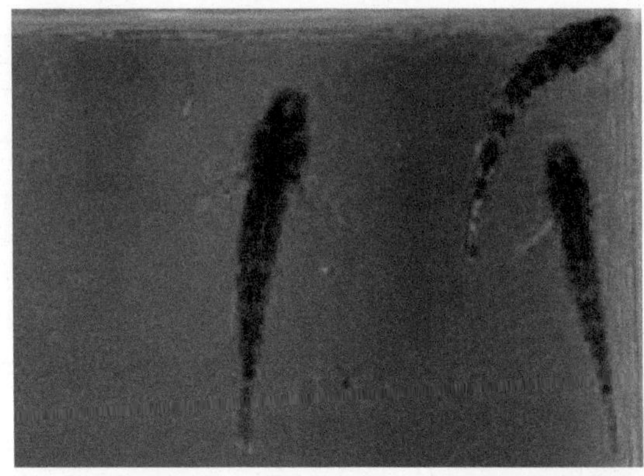

사진 22-2. 밀어 등면

사진 22-3. 밀어사진

사진 22-4. 밀어 서식지(계곡 농수로)

사진 22-5. 밀어 서식지(가을 하천 전경)

23. 버들붕어 *Macropodus chinensis*

척색동물문〉척추동물아문〉조기어강〉농어목〉버들붕어과
Chordata〉Vertebrata〉Actinopterygii〉Perciformes〉Belontiidae

◉ 특징

성어의 크기는 4 - 6cm이다. 체형은 좌우가 납작하고 긴타원형이다. 등지느러미 끝에서 두 번째 연조는 길어서 꼬리지느러미 절반에 달하며, 꼬리지느러미의 형태는 둥글다. 체색은 암황색 바탕에 등쪽은 어두운 짙은 녹색이며 배쪽은 담갈색에 가깝다. 머리 아래부터 복부 앞까지는 노란색이며 몸의 측면에는 11개 이상의 암갈색 화살 무늬가 있다. 아가미덮개에는 원형의 큰 청색 반점무늬가 있다. 세력권 방어와 알과 자어를 보살필 때 수컷의 체색에서 뒤쪽은 검은색 앞쪽은 담갈색 바탕에 검은색 화살무늬가 더욱 뚜렷해진다. 이때는 꽃붕어라는 이름으로 불릴 만큼 화려해 진다.

◉ 생태

전국적으로 분포하며, 상당히 부영양화된 농수로에서도 서식 할 수 있는데, 상새기관이라고 하는 보조 호흡기관으로 호흡하기 때문이다. 예전보다 개체수가 많이 감소한 이유는 농약과 유해화학물질들이 서식지 수계로 유출된 영향으로 판단된다.

◉ 분포

한국, 일본, 중국

사진 23-1. 버들붕어 측면

사진 23-2. 버들붕어 등면

사진 23-3. 버들붕어 서식 농수로

B. 양서 · 파충류

1. 도롱뇽 *Hynibius leechii*

척색동물문〉척추동물아문〉양서강〉도롱뇽목〉도롱뇽과
Chordata〉Vertebrata〉Amphibia〉Caudata〉Hynobiidae

◉ 특징

성체의 몸통 크기는 8 - 12cm 정도이고 아래턱 이빨이 31 - 36개이며 꼬리의 골수는 26 - 30개이다. 수컷은 등면이 검고 앞다리가 굵다. 산란 직 후에 채집이나 관찰이 쉬우며, 수컷과 암컷의 구별도 쉽다. 수컷은 생식기 상단에 돌기가 생기고 노란색 바탕에 검은색의 작은 반점들이 있다. 암컷은 다리가 가늘고 작다.

◉ 생태

전국적으로 분포하는 종이다. 초봄에 산개구리와 함께 곡간답의 물이 있는 온수로, 담수 휴경논, 논 내 물웅덩이 등에서 교미 후 산란한다.

◉ 분포

한국, 중국 동북부

사진 1-1. 도롱뇽 알주머니 형태

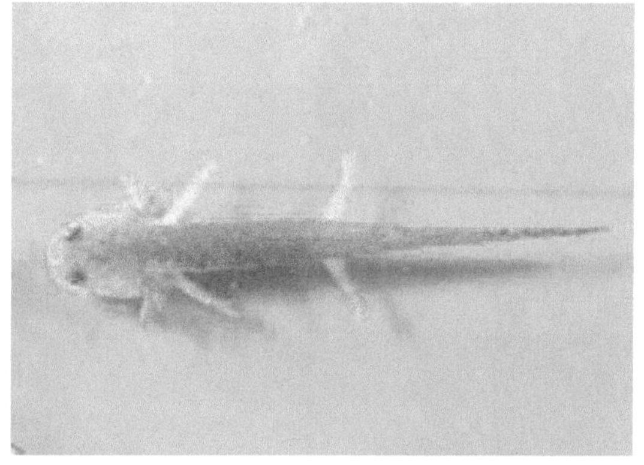
사진 1-2. 도롱뇽 유생 등면

사진 1-3. 도롱뇽 산란터 전경 물웅덩이

사진 1-4. 온수로

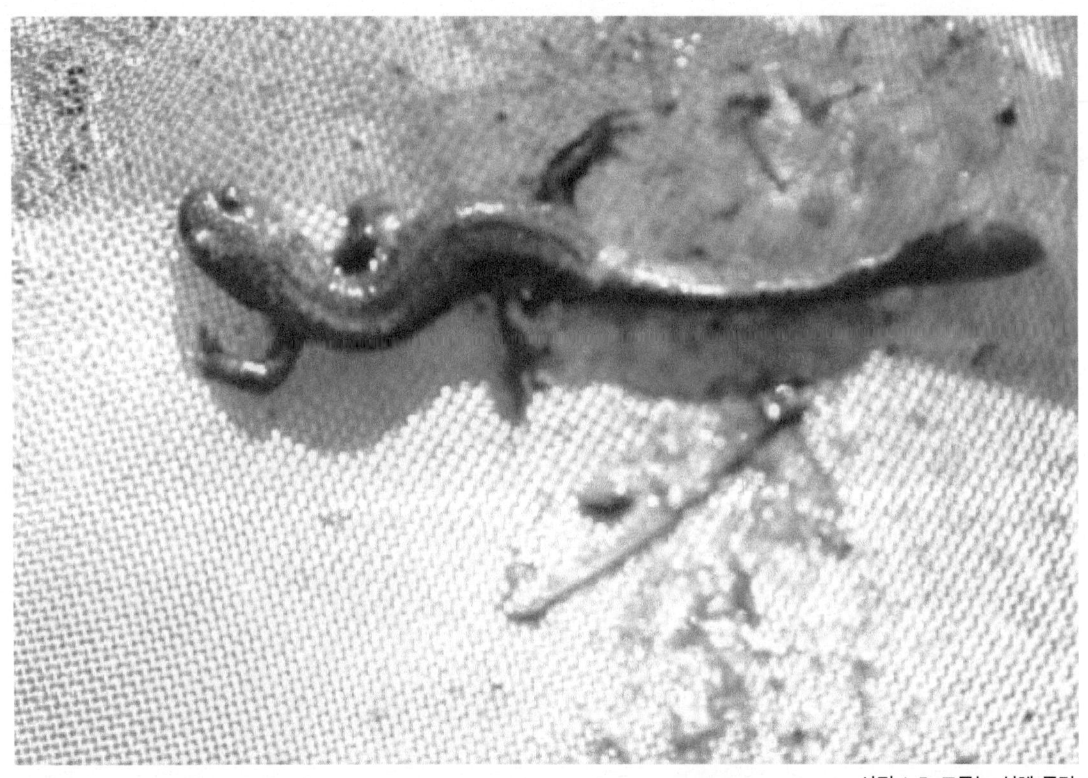

사진 1-5. 도롱뇽 성체 등면

● 사진 1-6. 도롱뇽 등면(좌), 한국산개구리 수컷 등면(우)

2. 무당개구리 *Bombina orientalis*

척색동물문〉척추동물아문〉양서강〉개구리목〉무당개구리과
Chordata〉Vertebrata〉Amphibia〉Salientia〉Discoglossidae

◉ 특징

성체의 몸통 크기는 4-5cm 정도이다. 등면은 청녹색 바탕에 불규칙한 흑색의 반문이 있고 크기가 다른 크고 작은 돌기가 있다. 발가락 끝은 밝은 적색을 띠고 배면은 매끄럽고 밝은 적색 바탕에 검은색의 반문이 흩어져 있어 다른 개구리와 뚜렷하게 구별된다. 체색은 변이가 심하여 일부만 녹색이거나 거의 녹색이 없는 개체도 있고 녹색반점이 일부 있는 개체도 있다.

◉ 생태

전국적으로 분포하는 종으로 특히 계곡의 찬물이 나는 물웅덩이나 옹달샘에서 서식한다. 4월 중순경에 10-20개의 알이 있는 알 덩어리를 주로 수초나 나뭇가지에 붙여 산란한다.

◉ 분포

한국, 중국

● 사진 2-1. 무당개구리의 암컷 측면

사진 2-2. 무당개구리 수컷 등면

사진 2-3. 무당개구리 암컷 등면

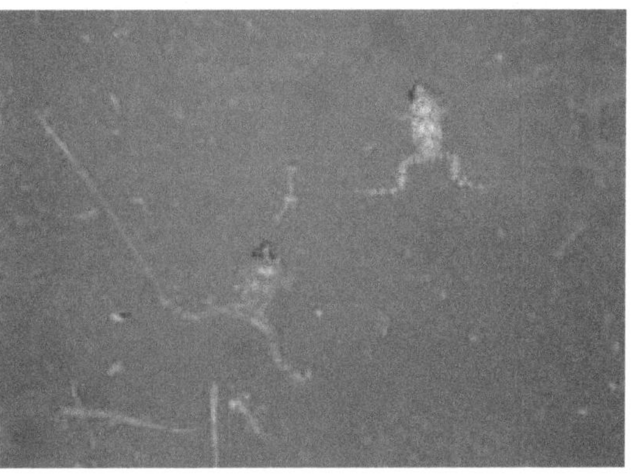

사진 2-4. 무당개구리 수컷(하) 및 암컷(상)

사진 2-5. 무당개구리 난괴

사진 2-6. 무당개구리 난괴

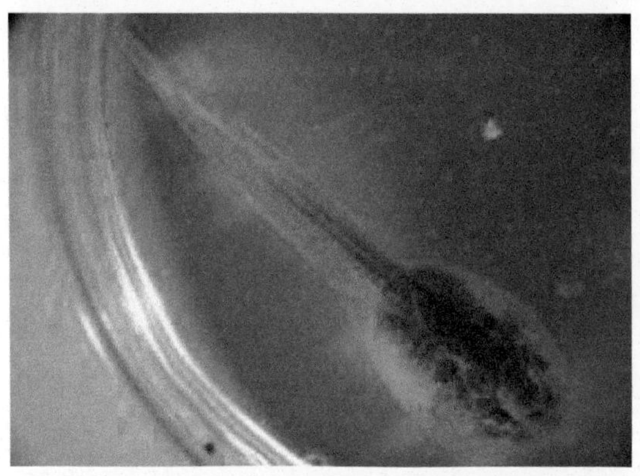
사진 2-7. 무당개구리 올챙이 등면

사진 2-8. 무당개구리 서식지

사진 2-9. 무당개구리 서식지 일반적 현황

3. 두꺼비 *Bufo Bufo gargarizans*

척색동물문〉척추동물아문〉양서강〉개구리목〉두꺼비과
Chordata〉Vertebrata〉Amphibia〉Salientia〉Bufonidae

◉ 특징

성체의 몸통 크기는 6 - 12cm 정도이다. 등면의 체색 변이가 많다. 암컷이 수컷보다 훨씬 크다. 번식기에는 암컷의 등면이 붉은색을 띠며 수컷은 흑회색을 띤다. 국내 토종 양서류 중 가장 큰 종이다.

◉ 생태

전국적으로 분포하는 종이다. 번식기는 3월 초순이며 이때가 유일하게 담수생활을 하는 시기이다. 산란 장소는 물이 있는 하천, 저수지, 물웅덩이, 곡간의 농수로이며 산란을 마치면 서식지로 이동한다. 이러한 산란 후 대이동에서 많은 개체들이 도로를 건너다 죽는 현상들이 발생한다. 번식기를 제외하고 대부분 땅속 생활을 하지만 큰 비가 오기 전에 땅 위로 올라와 서성이는 습성이 있어서 예전에는 비가 올 것을 예측하는 지표생물이 되기도 했다.

◉ 분포

한국, 중국, 러시아

사진 3-1. 두꺼비 올라붙기

사진 3-2. 콘크리트 농수로에서 벗어나지 못하고 있는 두꺼비

사진 3-3. 추락했을 때 빠져 나올 수 없는 반 환경적 생태

사진 3-4. 사슬과 같은 두꺼비알주머니 형태

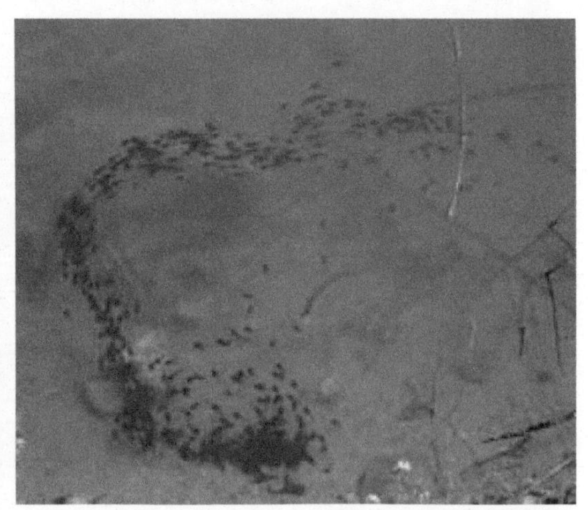

사진 3-5. 두꺼비 올챙이의 천적회피 행동

사진 3-6. 두꺼비 산란터(저수지의 올챙이떼)

사진 3-7. 두꺼비 산란터(논내 물웅덩이)

4. 물두꺼비 *Bufo stejnegeri*

척색동물문〉척추동물아문〉양서강〉개구리목〉두꺼비과
Chordata〉Vertebrata〉Amphibia〉Salientia〉Bufonidae

◉ 특징

성체의 몸통 크기는 4 - 6cm 정도이다. 두꺼비와 외형은 비슷하지만 훨씬 작고 납작하며 체구에 비해 다리가 길다. 두꺼비처럼 어기적거리며 기어다닌다. 체색은 두꺼비처럼 잿빛을 띠는 개체와 연노랑과 갈색을 동시에 지닌 개체가 많고, 또한 붉은빛을 띠는 개체와 거무스름한 빛을 띠는 것이 있다.

◉ 생태

서식지는 높은 산의 계곡 주변으로 보고되어 있지만, 본 도감에 수록된 개체는 수원의 평지형 논에서 관찰된 것이다. 산란은 두꺼비와 같이 4월초에 계곡의 물이 고이는 소에 하지만, 간혹 논에 물이 고인 곳에서도 산란한다. 먹이는 곤충과 지렁이 등이다.

◉ 분포

한국

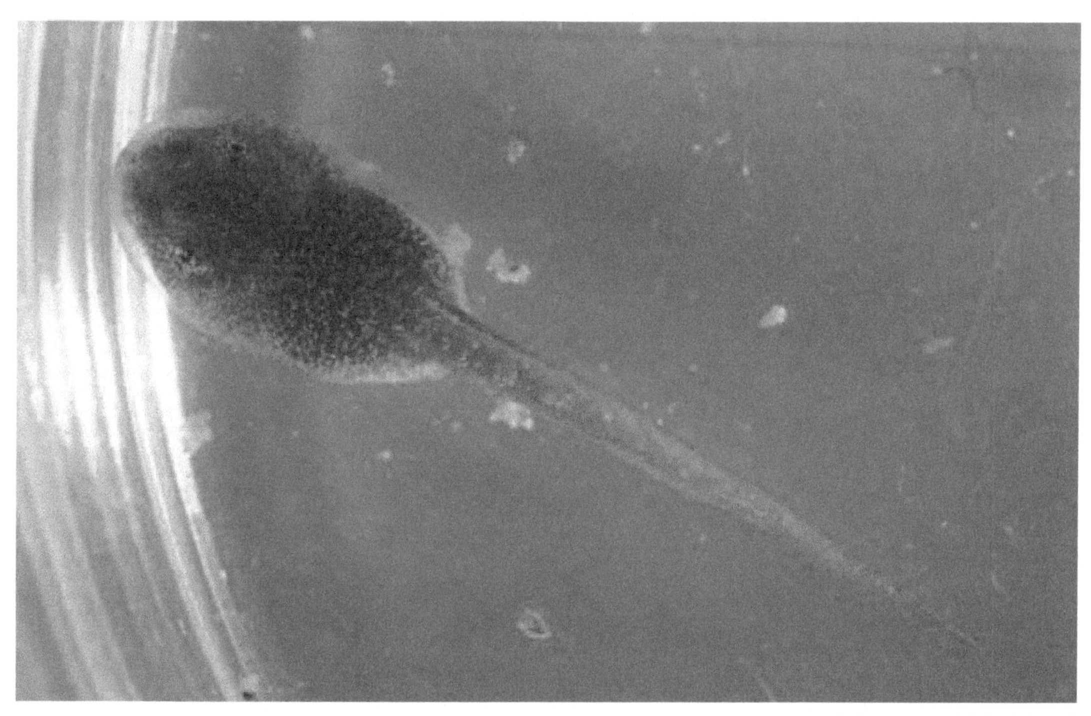

사진 4-1. 물두꺼비 올챙이 등면

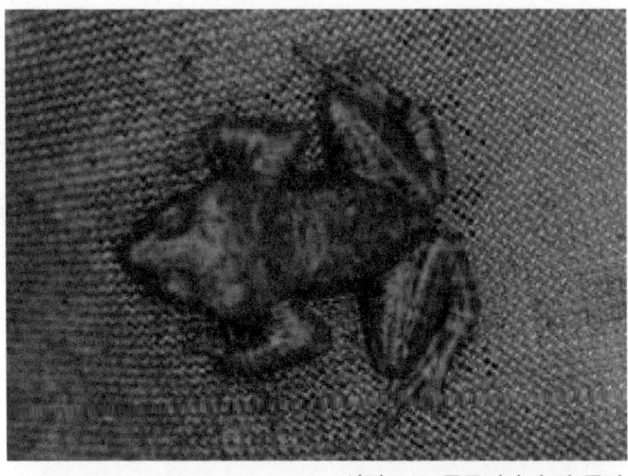
사진 4-2. 물두꺼비 수컷 등면

사진 4-3. 물두꺼비 수컷 등면

사진 4-4. 물두꺼비 수컷끼리 올라붙기

사진 4-5. 물두꺼비 수컷(계곡하천변 돌밑 동면중)

사진 4-6. 물두꺼비 서식지(동면 및 산란터)

5. 청개구리 *Hyla japonica*

척색동물문〉척추동물아문〉양서강〉개구리목〉청개구리과
Chordata〉Vertebrata〉Amphibia〉Salientia〉Hylidae

◉ 특징

올챙이는 크게 자라면 최대 5cm 정도까지 자랄 수 있다. 눈은 극단적으로 좌우로 떨어져 있고, 꼬리는 짙은 적갈색을 띠기 때문에 다른 올챙이와 구별이 쉽다.

성체의 몸통 크기는 2.2-4cm 전후로 암컷이 수컷보다 훨씬 크다. 발가락의 흡반이 잘 발달되어 있어서 풀줄기나 나무에서 활동을 잘한다. 체색은 보통 녹색이며, 월동시기에 접어들거나 이른 봄에는 보호색인 잿빛이나 옅은 녹색을 띤다.

◉ 생태

번식은 4-6월에 논과 같이 물이 흐르지 않는 얕은 곳에서 한다. 난괴는 매우 작아서 논에서 관찰하기는 대단히 어렵다. 논에 서식하는 성체는 잘 발달된 흡반을 이용하여 벼줄기나 잎에 붙어서 각종 해충(벼물바구미, 이화명충, 혹명나방, 벼멸구류, 끝동매미충)뿐만 아니라 일반 곤충(깔다구, 각다귀, 모기, 파리)을 잡아먹는다. 이들의 천적은 조류(황로, 쇠백로, 중대백로, 왜가리, 덤불해오라기)와 뱀(무자치, 유혈목이) 등이며, 올챙이 때는 수서곤충의 먹이가 된다. 논에서 높은 밀도로 서식한다.

◉ 분포

한국, 일본

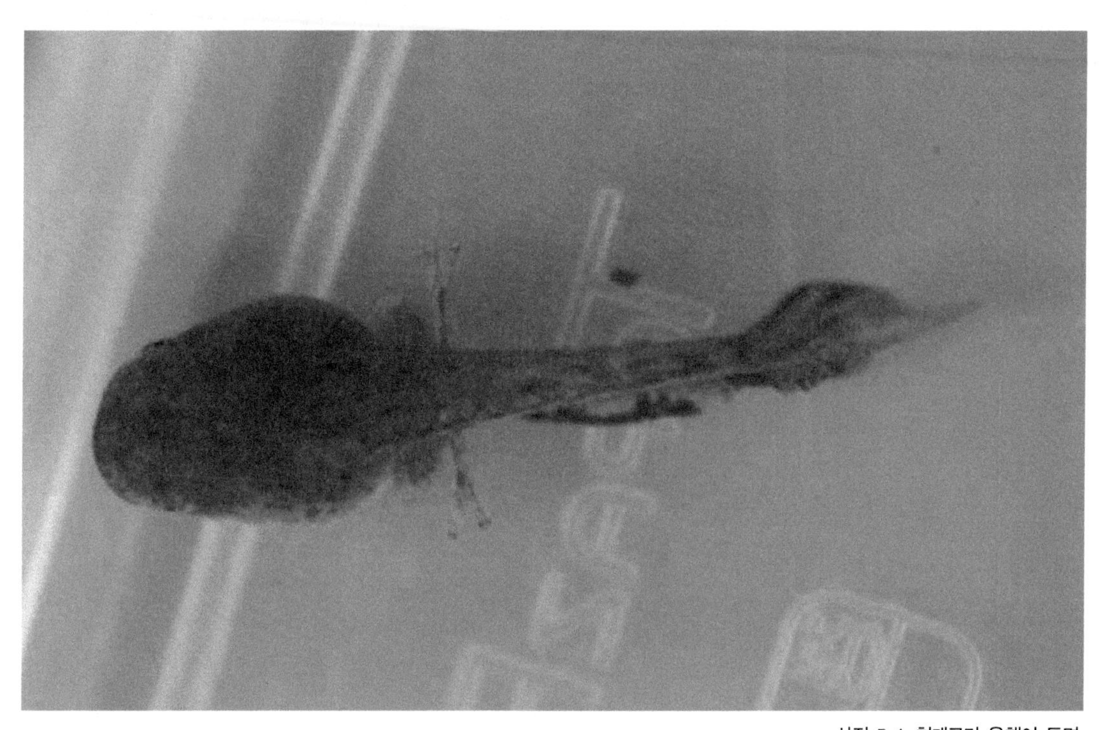

사진 5-1. 청개구리 올챙이 등면

사진 5-2. 청개구리 옆면

사진 5-3. 청개구리 등면(월동 전후 보호색)

사진 5-4. 청개구리 등면

사진 5-5. 청개구리 주요 서식처(먹이 활동무대)

6. 수원청개구리 *Hyla Suweonensis*

척삭동물문〉척추동물아문〉양서강〉개구리목〉청개구리과
Chordata〉Vertebrata〉Amphibia〉Salientia〉Hylidae

◉ 특징

올챙이는 크게 자라면 최대 5cm 정도까지 자랄 수 있다. 눈이 극단적으로 좌우로 떨어져 있고, 꼬리가 짙은 적갈색을 띤다.

성체의 몸통 크기는 2.2 - 4cm 전후로 암컷이 수컷보다 훨씬 크다. 발가락의 흡반이 잘 발달되어 있어 풀줄기나 나무에서 활동을 잘한다. 체색은 보통 녹색으로 외형적으로는 청개구리와 구분이 되지 않을 만큼 똑같지만 번식기의 수컷 개구리 울음소리가 청개구리보다 40일 정도 늦다. 본종의 암컷 등면은 매끄럽고 짙은 청녹색을 띠지만 청개구리의 암컷 등면은 흑색반문이 있다. 수컷의 등면은 두 종 모두 뚜렷한 반문이 있어 구별이 되지 않는다.

◉ 생태

논과 같이 흐르지 않는 얕은 물에서 5 - 8월에 번식한다. 난괴는 작아서 논에서 관찰하기는 어렵다.

◉ 분포

한국

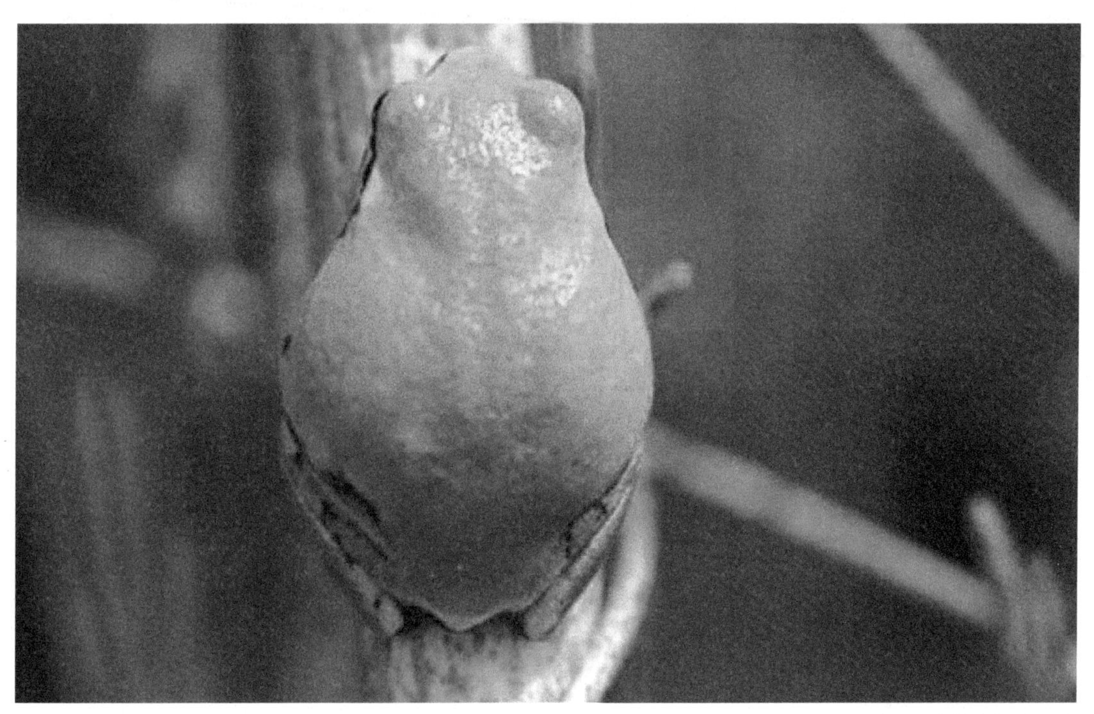

사진 6-1. 수원청개구리 등면

사진 6-2. 수원 청개구리 옆면

사진 6-3. 수원 청개구리 등면

7. 맹꽁이 *Kaloula borealis*

척색동물문〉척추동물아문〉양서강〉개구리목〉맹꽁이과
Chordata〉Vertebrata〉Amphibia〉Salientia〉Engystomidae

◉ 특징

성체의 몸통 크기는 4cm 정도이며 암컷이 수컷보다 조금 크다. 산란시기 수컷의 머리, 목, 등면은 연녹색을 띠며 흑색 돌기가 산재한다. 암컷의 머리와 목은 수컷과 같은 무늬인 연녹색을 띠지만 등면은 일부분만 연녹색을 띤다. 하지만 흙속에서 금방 나왔을 때는 짙은 흑색을 띤다. 배 측면에는 흑색바탕에 옅은 녹황색의 무늬가 산재한다. 몸통은 팽대하여 웅크린 자세에서는 원형에 가깝고 물에 있을 때는 난형의 타원형이 된다. 주둥이는 짧고 작으며 약간 돌출한다. 울음주머니는 아래턱 앞쪽으로 치우쳐 있고 울음주머니를 부풀리면 머리보다 훨씬 커진다.

◉ 생태

짝짓기는 6월 하순에서 7월 상순경 평지의 논, 늪, 연못, 일시적인 물웅덩이에서 한다. 이러한 짝짓기는 특히 비가 온 후 갠 날 밤에 수컷이 울음소리로 암컷을 유인하여 한다. 짝짓기 후 산란한 알의 크기는 1mm 정도이며 형태는 구형이다. 암컷은 1회에 200개씩 총 20회 정도 산란하여 약 3000 - 4000개의 알을 낳는다. 알은 날씨가 좋으면 하루 내외에 부화하고 올챙이가 된다. 올챙이는 약 30일이 지나면 변태하여 맹꽁이가 된다. 먹이 활동은 주로 한밤중에 땅속에서 나와 지상에서 하기 때문에 낮에는 산란기를 제외하면 쉽게 볼 수 없다. 현재 야생동물멸종위기 II급으로 지정되어 있다.

◉ 분포

한국, 일본, 중국

사진 7-1. 맹꽁이 암컷 등면

사진 7-2. 맹꽁이 수컷 등면

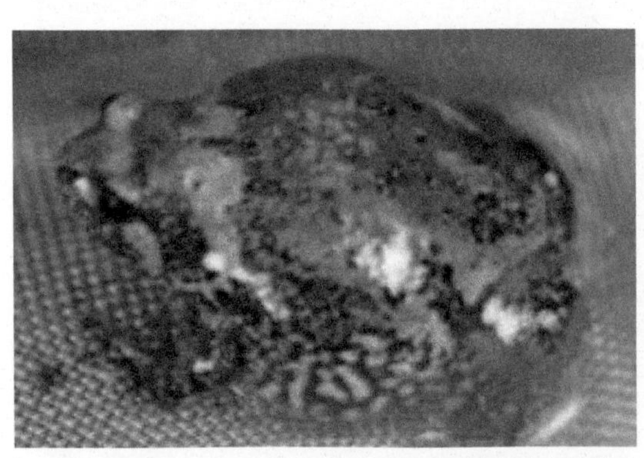

사진 7-3. 맹꽁이 수컷 측면

사진 7-4. 맹꽁이 암컷(좌) 수컷(우) 등면

사진 7-5. 맹꽁이 산란중

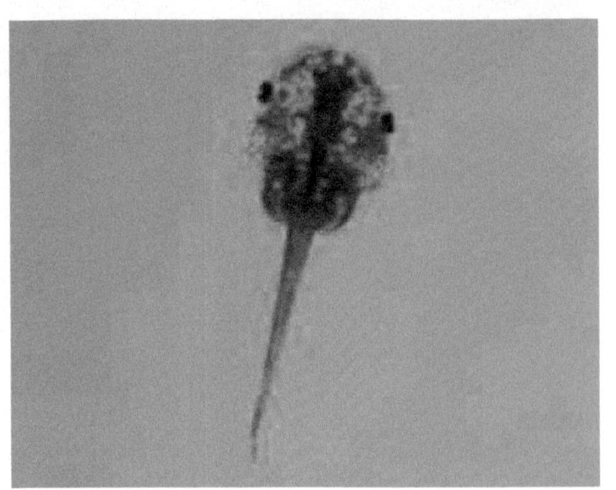

사진 7-6. 맹꽁이 부화 후 8일(사육)

8. 한국산개구리 *Rana coreana*

척색동물문〉척추동물아문〉양서강〉개구리목〉개구리과
Chordata〉Vertebrata〉Amphibia〉Salientia〉Ranidae

◉ 특징

성체의 몸통 크기는 2 - 3cm 정도이며 산개구리 중 가장 작다. 입술선이 희고 고막 뒤부터 주둥이 끝까지 선명한 흑색반문이 있어 다른 종과 구별된다. 울음주머니가 없어 우는 소리가 작다.

◉ 생태

고도가 낮은 평지의 늪이나 논과 밭 주변의 습지에서 주로 서식한다. 서식지 주변 물 흐름이 약한 논 내 물웅덩이나 곡간지 농수로 등에서 2 - 3월에 교미하고 산란한다. 알 덩어리의 직경은 7 - 10cm 정도로 다른 산개구리류와 비교하여 작다.

◉ 분포

한국

사진 8-1. 한국산개구리 암컷 등면(평지논)

사진 8-2. 한국산개구리 수컷 등면

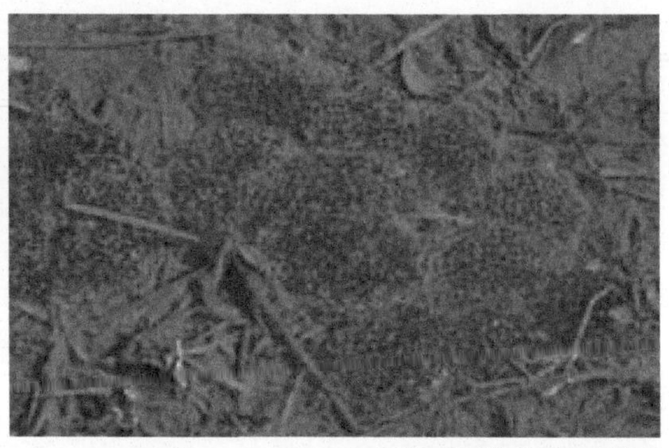

사진 8-3. 한국산개구리 난괴

사진 8-4. 한국산개구리 갓 변태한 것

사진 8-5. 한국산개구리 암컷(좌), 수컷(우) 등면

사진 8-6. 한국산개구리 올라붙기

사진 8-7. 한국산개구리 암컷 등면 및 올라붙기

사진 8-8. 한국산개구리 주요 서식처 전경(담수휴경논)

9. 북방산개구리 *Rana dybowskii*

척색동물문〉척추동물아문〉양서강〉개구리목〉개구리과
Chordata〉Vertebrata〉Amphibia〉Salientia〉Ranidae

◉ 특징

성체의 몸통 크기는 3.5-6.7cm 정도이다. 체색은 붉은 빛을 띤 다갈색이며, 눈 뒤부터 발달된 등측선은 계곡산개구리와는 달리 굽어 있지 않고 일직선이다.

◉ 생태

논 주변의 풀숲과 야산의 임상에서 서식하며, 월동은 논에 물이 고인 곳이 볏짚 속이나 야산의 물웅덩이에 쌓인 낙엽 속에서 한다. 산개구리류 중에서 분포 지역이 가장 넓다. 물 흐름이 약한 평지의 논, 늪, 계곡의 물웅덩이, 담수휴경논 등에서 2-5월경 교미하고 산란한다. 국내 서식 개구리 중 가장 이른 시기에 산란한다. 알 덩어리의 직경은 15-20cm 정도이며(양 등, 2001), 1개의 난괴에는 500-1000개의 알이 들어 있다. 난의 색깔은 흑색으로 2-3월의 적은 일사량에서도 태양열을 잘 흡수하여 부화한다. 부화된 올챙이의 성장 기간은 보통 2.5개월 정도 소요된다(Kim, 1972). 논의 기반조성에 의한 건답화의 원인에 의해서 그 개체수가 많이 감소하였지만, 최근 친환경농업의 일환인 겨울철 담수와 무농약 유기재배의 확대에 의하여 개체수가 증가할 것으로 생각된다.

◉ 분포

한국, 일본

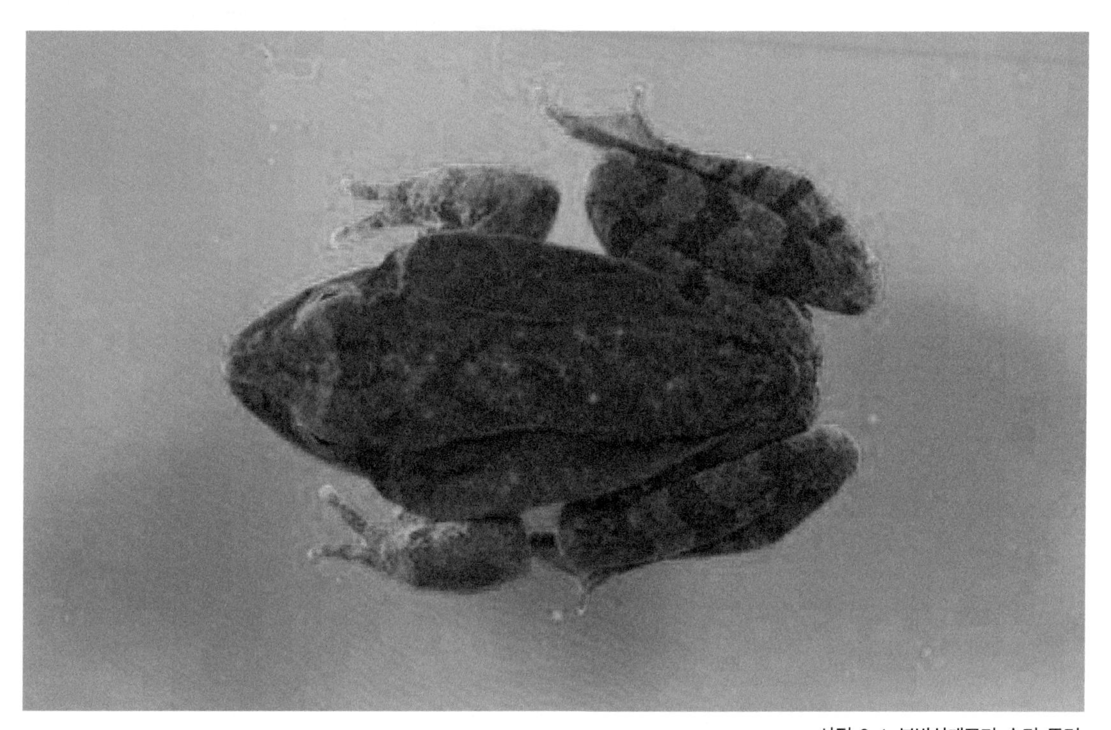

사진 9-1. 북방산개구리 수컷 등면

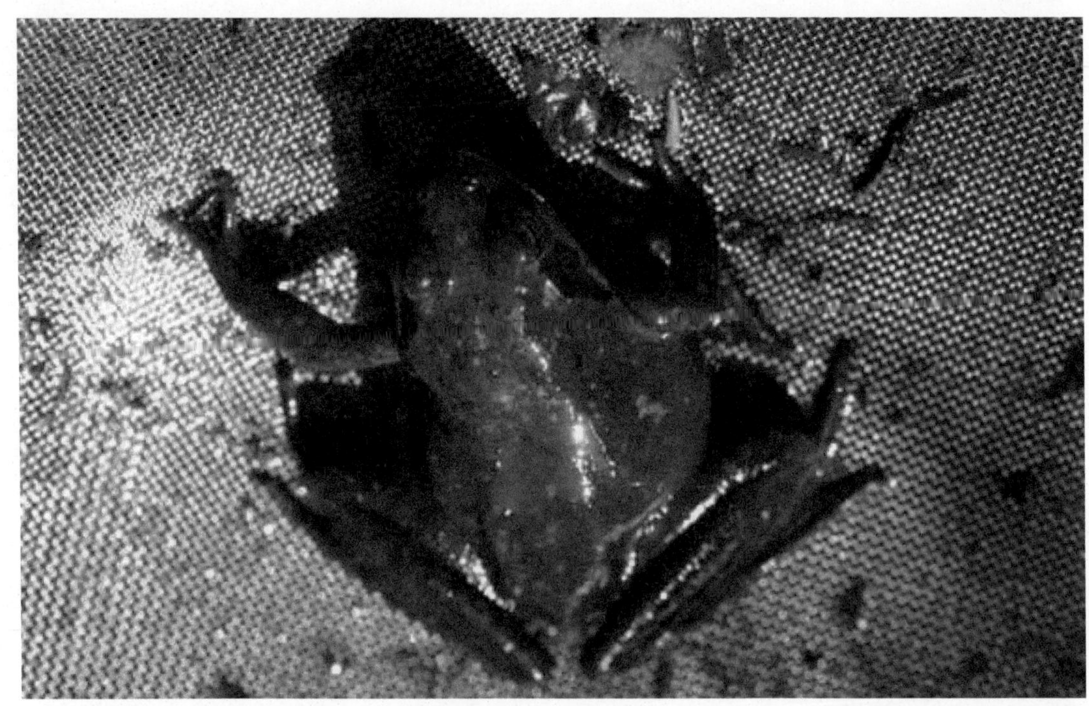

사진 9-2. 북방산개구리 암컷 등면

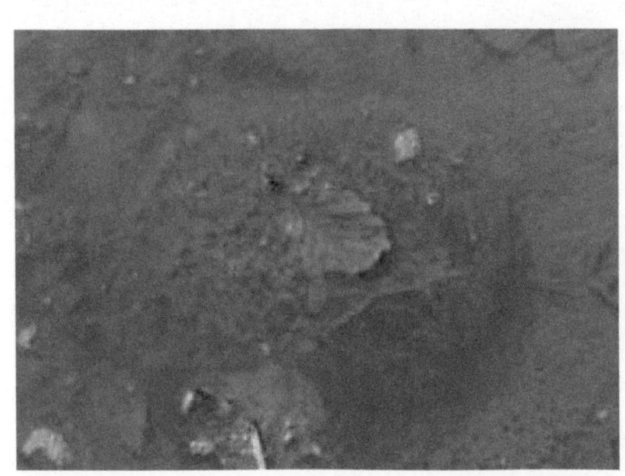

사진 9-3. 북방산개구리 난괴

사진 9-4. 북방산개구리 암컷 등면(가을철 체색변이)

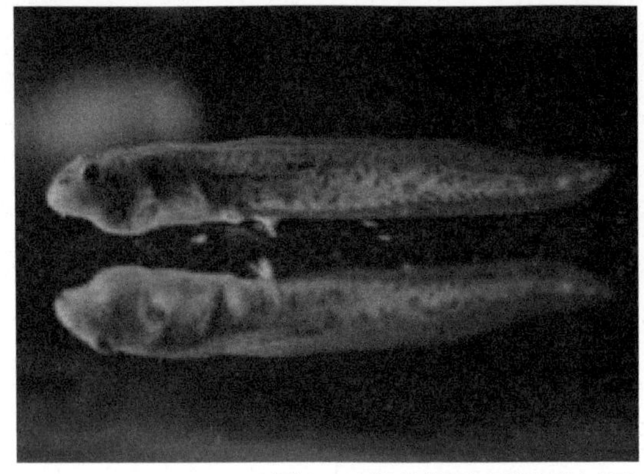

사진 9-5. 북방산개구리 종령올챙이 측면

사진 9-6. 북방산개구리 산란터(곡간휴경논)

10. 계곡산개구리 *Rana huanrenensis*

척색동물문〉척추동물아문〉양서강〉개구리목〉개구리과
Chordata〉Vertebrata〉Amphibia〉Salientia〉Ranidae

◉ 특징

올챙이의 크기는 4 - 5cm 정도이며 큰 개체는 6cm까지 자란다. 성체의 몸통 크기는 3.5 - 7.8cm 정도이며 암컷이 수컷보다 훨씬 크다. 체색은 다갈색 - 암갈색을 띤다. 북방산개구리와 비슷하지만 본종은 눈 뒤로 발달한 등의 측선이 고막 뒤부터 굽어 있고 북방산개구리는 일직선이다.

◉ 생태

평지에서 산간 계곡까지 서식하지만 평지에서는 최근 논의 경지정리에 의한 건답화로 거의 찾아볼 수 없다. 산란은 계곡의 물이 고인 소에서 주로 하며, 간혹 평지의 논, 늪, 계곡의 농수로, 담수휴경논 등의 물이 있는 곳에서도 한다. 산란 시기는 2 - 4월이다. 알 덩어리는 유수에 떠내려가지 못하게 돌이나 낙엽 등에 붙여 놓는다. 알 덩어리의 형태는 타원형으로 직경이 15 - 20cm 정도이며, 알은 100 - 200개 정도이다.

◉ 분포

한국, 일본

사진 10-1. 계곡산개구리 수컷 등면

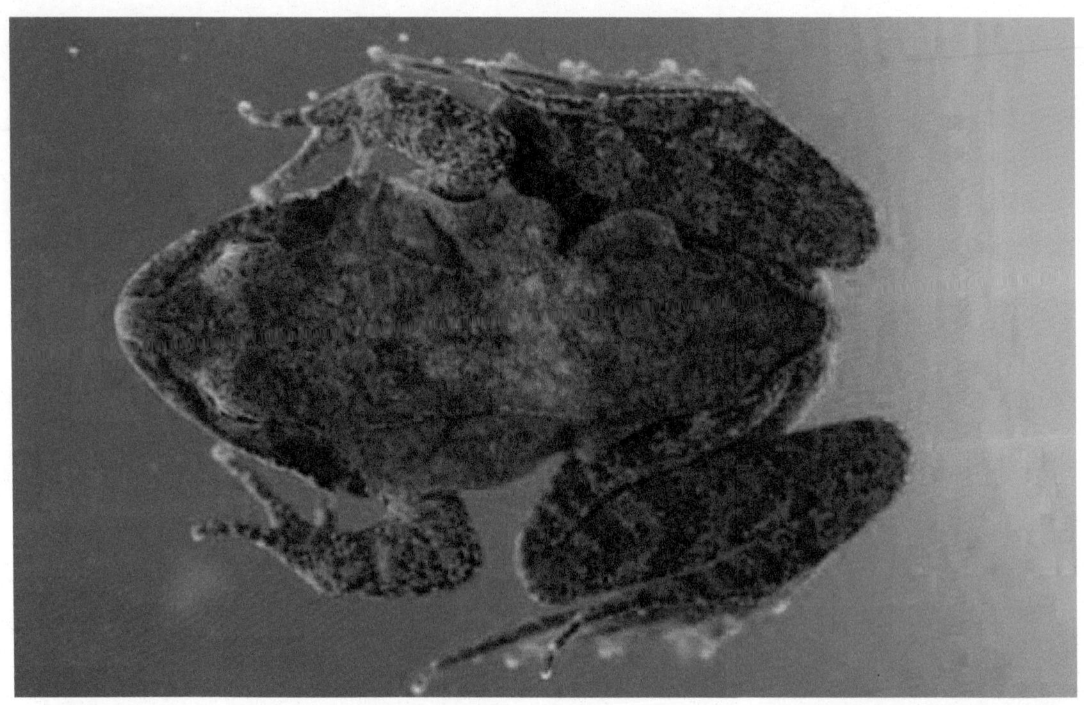

사진 10-2. 계곡산개구리 암컷 등면

사진 10-3. 바닥에 붙인 난괴(알)

사진 10-4. 계곡산개구리 올챙이

사진 10-5. 계곡산개구리 올라붙기 암수 등면

사진 10-6. 계곡산개구리 월동서식지

11. 참개구리 *Rana nigromaculata*

척색동물문〉척추동물아문〉양서강〉개구리목〉개구리과
Chordata〉Vertebrata〉Amphibia〉Salientia〉Ranidae

◉ 특징

올챙이 크기는 6-7cm 이다. 성체의 몸통 크기는 5.5-9cm 정도이며 암컷이 수컷보다 훨씬 크다. 외래종인 황소개구리보다는 작지만 토종 개구리류 중에서는 가장 크다. 암컷은 흰색 바탕에 크고 검은 흑색의 점무늬가 있으며 눈과 눈 사이에 흰색 또는 연녹색의 줄무늬가 있다. 수컷의 등면은 노란색이 나는 연녹색 바탕에 짧은 종선의 돌기가 있으며, 배측면에 흑색 점무늬가 있고 다리에는 흑색 줄무늬가 뚜렷하게 있다. 산란기가 지나고 풀숲에서 생활할 때는 위장색을 띠기 때문에 암수 모두 체색이 흐려진다.

◉ 생태

국내 개구리류 중 가장 흔히 볼 수 있는 종으로 전국적으로 분포한다. 산란은 평지의 논, 늪, 계곡의 농수로, 담수휴경논 등의 물이 있는 곳에서 4-6월경에 한다. 특히, 논에 물을 대는 시기에 번식 활동이 시작하여 참개구리의 울음소리는 논농사의 시작을 알리는 지표가 된다. 집 주변에 논이 있으며 이 시기에 개구리 울음소리는 밤잠을 설칠 정도로 시끄럽다. 난괴는 찌그러진 구형으로 1800-3000개의 알이 들어있다. 올챙이는 45-50일 정도가 되면 변태를 하여 개구리가 된다. 성숙 개체는 논 주변의 풀숲이나 밭, 산림에서 생활한다. 특히, 벼가 자라기 시작하면 해충과 수서곤충 등의 먹이가 많은 논에서 주로 성장한다.

◉ 분포

한국, 일본

사진 11-1. 논의 올챙이들

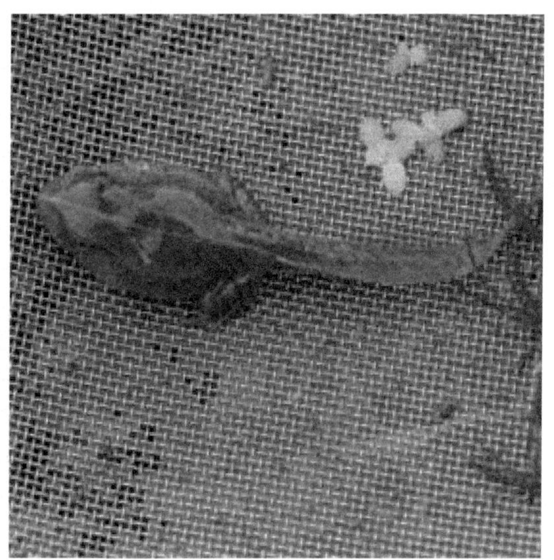
사진 11-2. 참개구리 올챙이 등면

사진 11-3. 참개구리 암컷 등면

사진 11-4. 참개구리 암컷 등면

사진 11-5. 참개구리 수컷(상) 및 암컷(하) 올라붙기

12. 금개구리 *Rana plancyi chosenica*

척색동물문〉척추동물아문〉양서강〉개구리목〉개구리과
Chordata〉Vertebrata〉Amphibia〉Salientia〉Ranidae

◉ 특징

성체의 몸통 크기는 6cm 정도이며 암컷이 수컷보다 훨씬 크다. 암컷은 녹색 바탕에 흑갈색의 돌기가 산재하며 등면의 양쪽 측선이 금색을 띤다. 측선은 참개구리보다 굵고, 복면은 짙은 노랑색을 띠기 때문에 흰색을 띠는 참개구리와 구별된다. 수컷은 외형적으로 흰색바탕에 검은색 큰 점무늬가 산재하여 참개구리와 구별이 쉽지 않지만, 참개구리는 눈 뒤에 등의 측선을 따라 낫형태의 흑색무늬가 있고 참개구리는 3개의 종선으로 점무늬가 있어 구별이 가능하다. 금개구리의 올챙이는 꼬리 측면에서 가슴 등면까지 연결된 금색의 빛을 띠는 줄무늬가 있다.

◉ 생태

평지의 논, 늪, 저수지에서 서식하며, 동면기를 제외하고 연중 습지를 떠나지 않는다. 울음주머니가 없어 소리는 작다. 논 내 물웅덩이와 논에서 5월 중순부터 7월 중순에 걸쳐 산란하며 최성기는 6월 중순경이다. 최근 서식지 파괴에 의해 개체수가 많이 줄었으며, 현재 환경부 멸종위기야생동물 Ⅱ급으로 지정되어 있다.

◉ 분포

한국

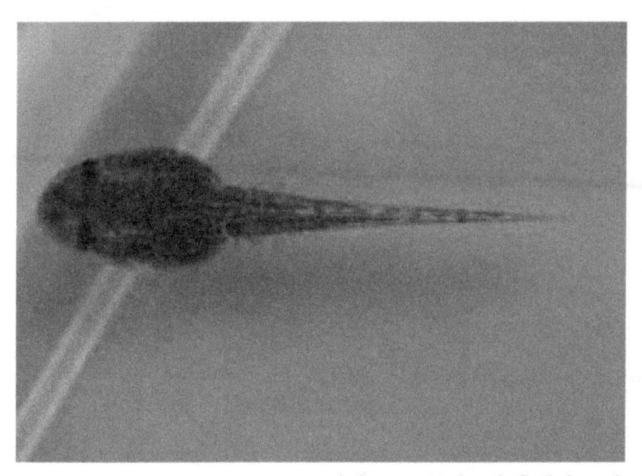

사진 12-1. 금개구리 올챙이 등면

사진 12-2. 금개구리 올챙이 측면

사진 12-3. 금개구리 암컷 복면

사진 12-4. 금개구리 서식지

사진 12-5. 금개구리

사진 12-6. 금개구리 등면

13. 옴개구리 *Rana rugosa*

척색동물문〉척추동물아문〉양서강〉개구리목〉개구리과
Chordata〉Vertebrata〉Amphibia〉Salientia〉Ranidae

◉ 특징

성체의 몸통 크기는 3-6cm 정도이며 암컷이 수컷보다 훨씬 크다. 물속에 살고 있으며 몸 전체가 갈색을 띠기 때문에 물속의 진흑색이나 낙엽색과 쉽게 구별이 되지 않는다. 등면은 오톨도톨한 돌기가 산재하여 독성이 있다. 종종 식용 개구리로 오인하여 피해를 보는 경우가 발생한다.

◉ 생태

흐르는 하천, 저수지, 논 내 물웅덩이 등의 돌이나 낙엽 밑에서 서식하며 연중 물을 거의 떠나지 않는다. 번식기는 5-8월이며, 물속에 떨어진 풀줄기나 나뭇가지에 30-50개 알을 듬성듬성 붙여 낳는다. 변태하지 못한 올챙이는 올챙이 상태로 겨울을 난다. 연중 물을 떠나지 않는 종이기 때문에 논의 경지정리에 의한 건답화에 의해 논에서는 거의 찾아보기 힘들게 되었다.

◉ 분포

한국, 일본

사진 13-1. 옴개구리 올챙이 등면

사진 13-2. 옴개구리 암컷 등면

사진 13-3. 옴개구리 수컷 등면

사진 13-4. 옴개구리 암컷 등면

사진 13-5. 옴개구리 수컷 등면

사진 13-6. 옴개구리 암컷 등면

14. 황소개구리 *Rana catesbeiana* Schmidt

척색동물문〉척추동물아문〉양서강〉개구리목〉개구리과
Chordata〉Vertebrata〉Actinopterygii〉Cypriniformes〉Cobitidae

◉ 특징

성체의 몸통 크기는 11 - 19cm 정도이다. 수컷의 등면은 짙은 녹색 바탕에 검은 얼룩점이 있고 암컷의 등면은 갈색 바탕에 검정 얼룩무늬가 있다. 다리에는 어두운 색의 가로줄무늬가 있다. 고막이 크며 소와 비슷한 굵은 소리로 운다.

◉ 생태

서식지는 평지의 강이나 늪, 저수지 등 수심이 깊은 곳이며, 연중 대부분을 물속에서 생활한다. 가끔 물가에 나와 활동도 하지만 크기에 비해 경계심이 강하고 너무 빠르기 때문에 야외에서 울음소리는 쉽게 들을 수 있지만 관찰하기는 쉽지 않다. 번식기는 4 - 6월이며, 1회에 6,000 - 20,000개의 알을 물 위에 넓게 펼쳐진 형태로 확산하여 산란한다. 산란양은 체중의 30% 전후이다. 부화한 올챙이는 대부분 월동하고 다음해 체장이 10 - 15cm 정도 자라면 변태하여 뭍으로 올라온다. 황소개구리는 미국이 원산지인 도입종으로 60 - 70년대에 식용으로 키우기 위해 처음 들여온 종이다. 현재는 전국의 하천과 저수지 등에 퍼져 있으며, 위해외래종으로 지정되어 있다.

◉ 분포

한국, 일본

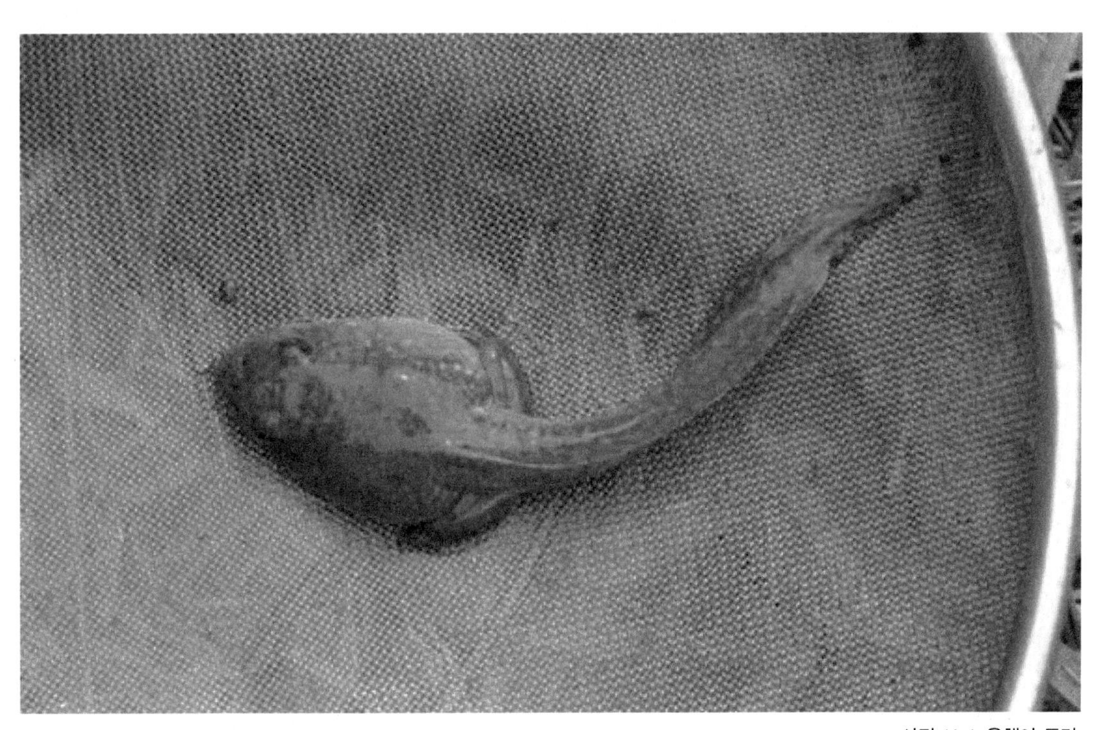

사진 14-1. 올챙이 등면

사진 14-2. 황소개구리 등면

사진 14-3. 황소개구리 측면

15. 자라 *Pelodiscus sinensis*

척색동물문〉척추동물아문〉파충강〉거북목〉자라과
Chordata〉Vertebrata〉Reptilia〉Testudinata〉Trionychidae

◉ 특징

몸길이는 25-30cm 정도이다. 딱딱하지 않고 유연한 조직으로 된 등갑은 회갈색 바탕에 매화무늬가 산재하며, 복부는 담황색을 띤다. 머리와 목을 딱지 속으로 완전히 집어넣을 수 있다. 성체의 배갑에는 뚜렷한 임금 왕(王) 자가 있다. 주둥이 끝이 가늘게 튀어 나왔고, 아랫입술과 윗입술은 육질로 되어 있다. 국내에는 거북목 자라과 중 단 1종만 존재한다.

◉ 생태

전국의 강, 호수, 저수지, 농수로 등에 서식한다. 번식기는 6-8월경이며, 볕이 잘 드는 고운 모래가 쌓인 곳에서 1회에 15-50개씩 알을 낳는다. 연중 3-4차례에 걸쳐 반복하여 알을 낳고 모래로 붙어둔다. 여름의 뜨거운 햇볕이 모래를 달구고 50일 정도가 지나면 새끼가 부화하여 나와서 5년까지 생존한다. 낮에는 주로 모래 속이나 바위틈에서 낮잠을 자고 밤에 활동한다. 동면은 주로 강의 진흙이 쌓인 곳에서 하며, 이른 봄에 강이나 농수로에서 물 위로 드러난 바위 위에서 봄볕을 쬐는 것을 관찰할 수 있다.

◉ 분포

한국, 일본

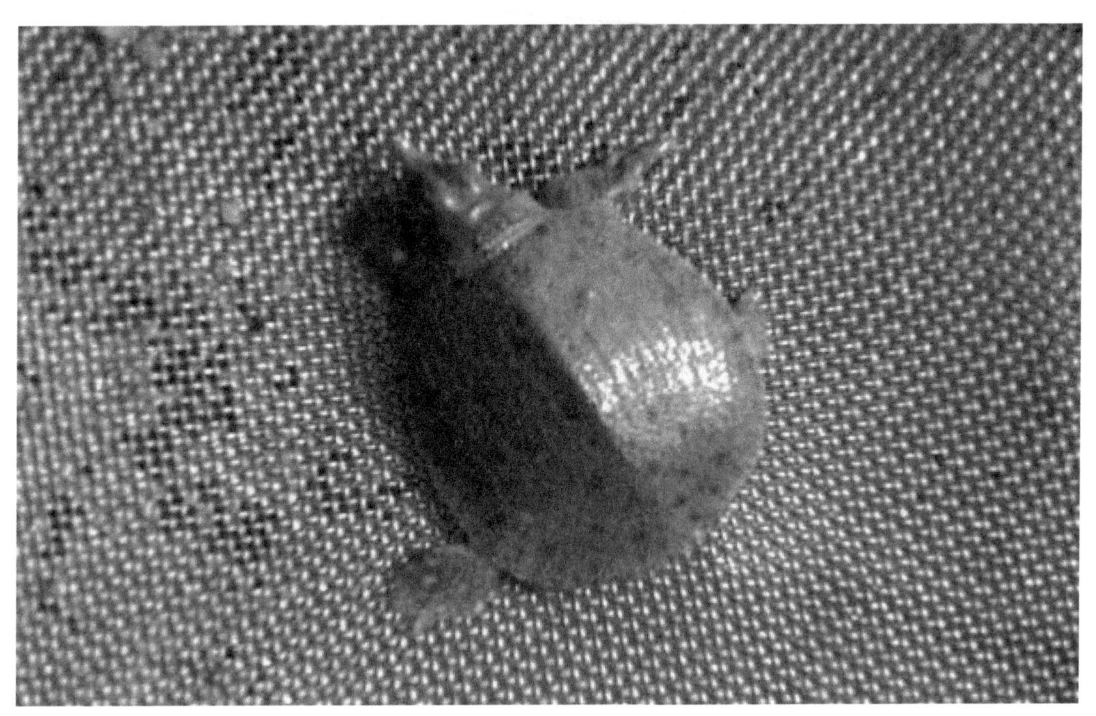

사진 15-1. 자라등면

사진 15-2. 자라 성체 등면(도입 양식용 자라)

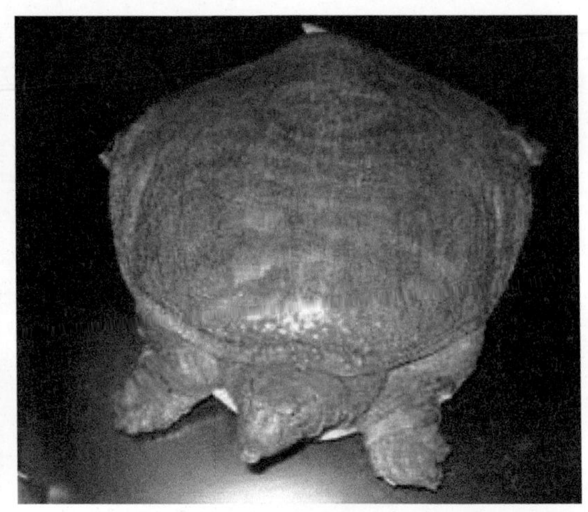

사진 15-3. 자라 등면(양식된 토종자라)

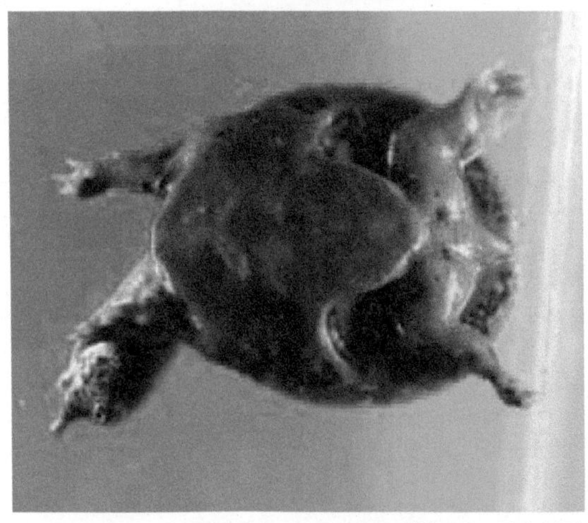

사진 15-4. 자라 복면

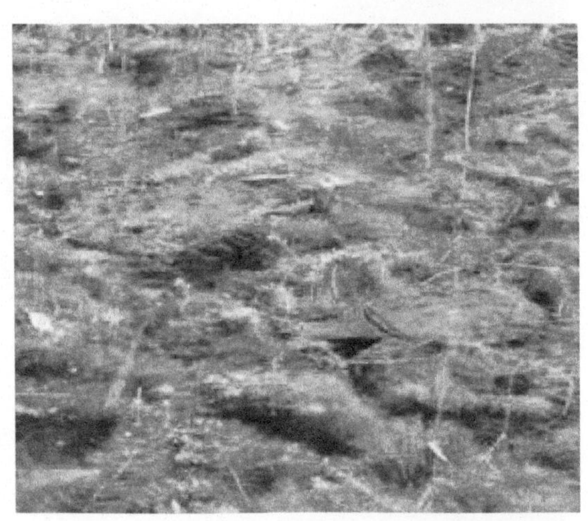

사진 15-5. 자라 등면(국립수목원)

사진 15-6. 자라 서식 저수지 및 호수

사진 15-7. 자라 서식지(금강 중상류)

16. 남생이 *Chinemys reevesii*

척색동물문〉척추동물아문〉파충강〉거북목〉남생이과
Chordata〉Vertebrata〉Reptilia〉Testudinata〉Emydidae

◉ 특징

몸길이는 20 - 30cm이다. 등딱지의 중앙과 양측 테두리 안쪽에 굵게 융기된 선이 돋아 있으며, 황색의 작고 긴 형태의 무늬가 6개 정도 있어 붉은귀거북과 쉽게 구별된다. 배갑은 검은색 또는 흑갈색으로 각 갑판의 가장자리는 황백색으로 되어 있다. 머리와 다리는 짙은 회갈색이며 등갑은 장타원형으로 비교적 편평하다.

◉ 생태

남부지역 평지의 강, 늪, 저수지 등에 서식한다. 번식기는 6 - 8월경이다. 산란은 볕이 잘 드는 고운 모래가 쌓인 곳에서 하며, 지름 9cm 정도 크기로 구멍을 파고 4 - 6개의 알을 낳는다. 알의 색깔은 백색 또는 황백색이고 형태는 장타원형이다. 우리나라 천연기념물 제453호이며 환경부가 지정한 멸종위기야생동물 Ⅱ급 종이다.

◉ 분포

한국, 일본, 타이완 등이다.

사진 16-1. 남생이 등면

사진 16-2. 남생이 복면

사진 16-3. 남생이 측면

사진 16-4. 남생이 등면

사진16-5. 남생이 서식 저수지

17. 붉은귀거북 *Trachemys scripta elegans*

척색동물문〉척추동물아문〉파충강〉거북목〉남생이과
Chordata〉Vertebrata〉Reptilia〉Testudinata〉Emydidae

◉ 특징
몸길이는 수컷이 16cm 내외이고 암컷이 20-30cm 이다. 부드러운 등딱지는 초록색을 띠며 중앙에 6각형의 무늬가 5개 있고 양측에 5각형의 무늬가 4개씩 8개가 있으며, 그 아래에 4각형의 테두리가 있다. 특히 눈 뒤부터 붉은색의 긴 무늬가 있어 남생이와 구별된다. 복면에는 큰 흑색의 점무늬가 있으며, 이는 또한 배갑의 테두리를 제외한 전체가 흑색을 띠는 남생이와의 차이점이다.

◉ 생태
전국적으로 방생되었으며, 평지의 강, 늪, 저수지, 큰 농수로 등에 서식한다. 번식기는 3-7월경이며, 볕이 잘 드는 고운 모래가 쌓인 곳에 지름 9-24cm, 깊이 3-9cm 정도의 구멍을 파서 그곳에 4-20개의 알을 낳는다. 알은 백색 또는 황백색을 띠며 부화에는 3개월 정도 걸린다. 현재 우리나라에서 위해외래종으로 지정되어 있다.

◉ 분포
원산지는 미국이며 한국, 일본, 타이완 등에 도입 외래종으로 분포한다.

사진 17-1. 붉은귀거북 등면

사진 17-2. 붉은귀거북 앞면

사진 17-3. 붉은귀거북 복면

18. 줄장지뱀 *Takydromus wolteri*

척색동물문〉척추동물아문〉파충강〉뱀목〉장지뱀과
Chordata〉Vertebrata〉Reptilia〉Squamata〉Lacertidae

◉ 특징

몸길이는 보통 15-21cm이다. 등면은 적갈색 바탕에 머리 이후부터 꼬리까지 여러 중의 돌출된 굵은 돌기가 있고, 복면은 흰색을 띤다. 측면은 주둥이부터 앞다리까지 이어지는 굵은 흰색의 줄무늬가 있다. 앞다리에서 뒷다리까지 이어지는 흰색의 줄무늬는 장지뱀과 같이 뚜렷하지는 않지만 존재한다.

◉ 생태

농경지나 숲 주변 특히 무덤 주변과 강변의 모래언덕에서 주로 발견된다. 번식기는 7월 전후이며 산란기가 되면 샅구멍(서혜인공)에서 페로몬을 분비하여 짝을 유인하여 교미한다. 교미 후에 2-4개의 알을 낳는다. 봄부터 가을까지 활동하고 메뚜기목의 곤충을 선호하지만 땅위로 나와 있는 지렁이도 잡아먹는다.

◉ 분포

한국, 일본, 중국

사진 18-1. 줄장지뱀 등면

사진 18-2. 줄장지뱀 측면(주둥이부터 앞다리로 이어지는 측선)

사진 18-3. 줄장지뱀 복면

19. 무자치 *Elaphe rufodorsata*

척색동물문〉척추동물아문〉파충강〉뱀목〉뱀과
Chordata〉Vertebrata〉Reptilia〉Squamata〉Colubridae

◉ 특징

몸길이는 보통 60-85cm이다. 등면은 연한갈색, 적갈색 또는 흑갈색을 띠며 세로줄의 등황색 무늬가 4줄 정도 있으며 위장색을 띤다. 배면은 짙은 적갈색 또는 연한 회색 바탕에 배마디에 1개씩의 직사각형의 검은색 무늬가 있으며 간혹 2개인 마디도 있다.

◉ 생태

전국적으로 분포하며 우리나라 논에서 가장 흔히 볼 수 있는 뱀이다. 들의 논이나 곡간답의 소류지에서 주로 생활한다. 짝짓기는 보통 4-5월에 하고 8-9월에 15마리 내외의 새끼를 낳는다. 60-70년대에는 월동기가 시작되면 본 종이 동면전의 체온을 유지하기 위해 축구공 크기로 수십 마리씩 한데 뭉쳐 수로가에 있다가 동면을 위해 땅 속으로 들어가는 것을 목격할 수 있었다. 먹이는 주로 논에 서식하는 개구리이지만 중간 낙수기에는 논 내의 물고기 등도 먹는다. 독이 없기 때문에 물리면 모기한테 물린 정도로 붓고 물릴 때는 바늘에 찔리는 정도이다. 대부분의 경우는 인기척에 의해 도망간다.

◉ 분포

한국

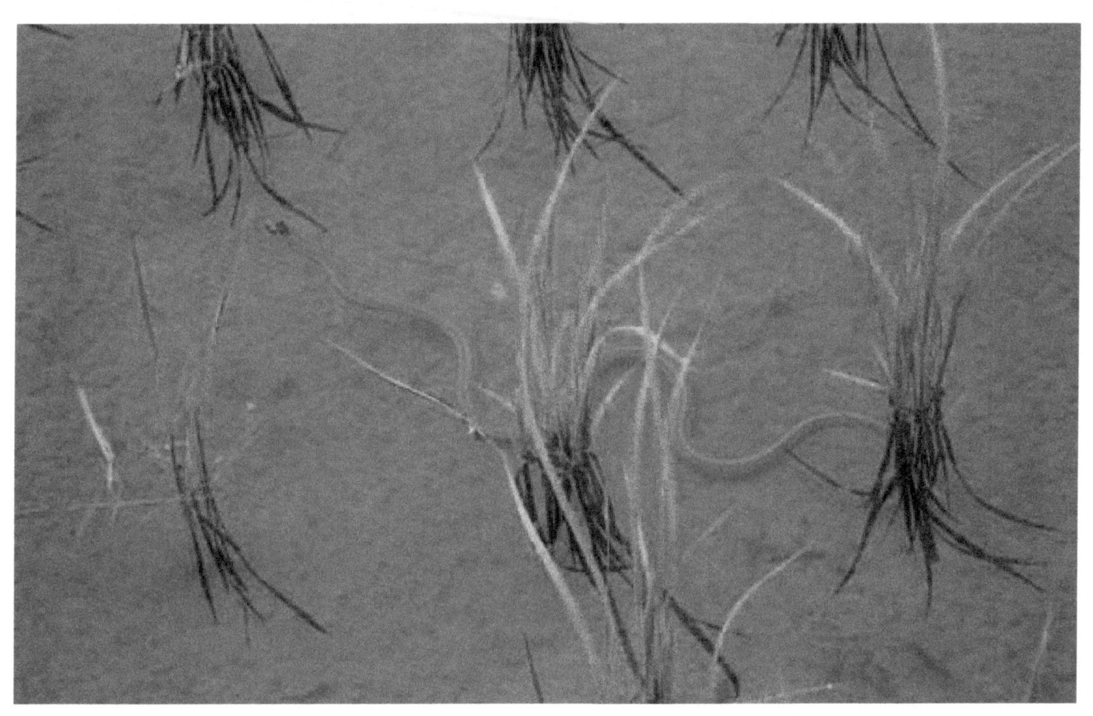

사진 19-1. 무자치 측면

사진 19-2. 무자치 등면

사진 19-3. 친환경농업으로 주변환경개선과 황소개구리 서식으로 먹이가 풍부한 소류지에 무자치도 증가 하였음(무자치 서식지)

20. 누룩뱀 *Elaphe dione*

척색동물문〉척추동물아문〉파충강〉뱀목〉뱀과
Chordata〉Vertebrata〉Reptilia〉Squamata〉Colubridae

◉ 특징

몸길이는 70-100cm이다. 등면은 밤색 바탕에 어두운 갈색의 가로무늬가 있고, 배면은 각 비늘에 검은 무늬가 있다.

◉ 생태

전국적으로 분포하며 우리나라 농경지에서 흔히 볼 수 있다. 주로 들이나 밭둑, 마을인근 숲 등에서 서식한다. 짝짓기는 4-5월이며 난이 성숙되는 7-8월에 땅에 굴을 파고 산란한다. 알은 40-60일 정도 경과하면 부화한다. 나무에 잘 올라가기 때문에 까치와 같은 새의 둥지에 있는 어린 새를 잡아먹는다. 평소에는 잘 볼 수 없지만 따뜻한 봄이나 여름철 비가 온 후에는 햇볕을 쬐기 위해 도로나 오솔길에 나와 있는 것을 관찰할 수 있다.

◉ 분포

한국, 일본, 대만, 중국

사진 20-1. 누룩뱀 등면

사진 20-2. 누룩뱀 머리 확대

사진 20-3. 누룩뱀 등면

21. 유혈목이 *Rhabdophis tigrinus*

척색동물문〉척추동물아문〉파충강〉뱀목〉뱀과
Chordata〉Vertebrata〉Reptilia〉Squamata〉Colubridae

◉ 특징

몸길이는 80 - 120cm이다. 등면은 짙은 녹색바탕에 앞쪽 1/5지점까지는 흑색과 적색 줄무늬가 번갈아가며 있으며 뒤쪽으로는 흑색 세로줄무늬가 있다. 머리는 짙은 녹색바탕에 양쪽 측면에 검은색 줄무늬가 있다.

◉ 생태

전국적으로 분포하며 주로 야산, 밭, 논에서 서식한다. 무자치와 달리 물이 있는 논보다는 낙수기의 물이 없는 논을 선호한다. 짝짓기는 9 - 10월에 하며 이듬해 7 - 8월에 15 - 20개의 알을 낳는다. 화가 나면 목을 곧추세우고 독이든 액체를 분비하기도 한다.

◉ 분포

한국, 일본

사진 21-1. 유혈목이 측면

사진 21-2. 유혈목이

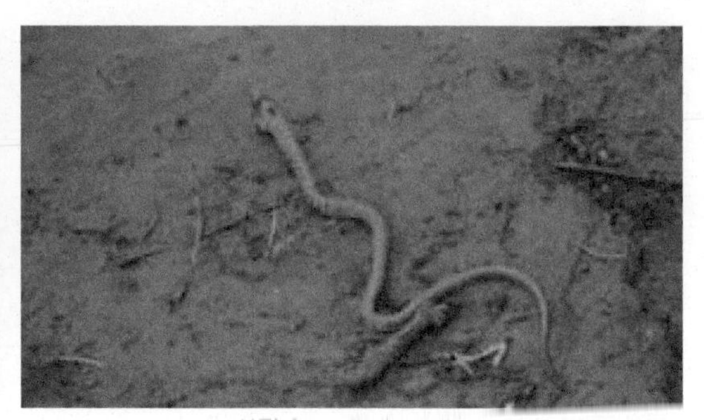

사진 21-3. 참개구리를 포식한 유혈목이 등면

사진 21-4. 유혈목이

사진 21-5. 유혈목이의 개구리 포식

22. 능구렁이 *Dinodon rufozonatus*

척색동물문〉척추동물아문〉파충강〉뱀목〉뱀과
Chordata〉Vertebrata〉Reptilia〉Squamata〉Colubridae

◉ 특징

몸길이는 보통 75 - 120cm이다. 등면은 적색 바탕에 굵은 흑색의 가로 띠무늬 90개 내외가 있다. 배면은 은백색을 띤다.

◉ 생태

전국적으로 분포하며 주로 들, 밭둑, 마을인근 숲 등에서 서식한다. 짝짓기는 7 - 8월 수심이 어느 정도 되는 고인 물속에서 하며, 난이 성숙하면 10여개 내외의 알을 낳는다. 주로 들쥐, 개구리, 물고기, 새알, 뱀 등을 잡아먹으며 야행성으로 주로 밤에 활동한다.

◉ 분포

한국, 일본, 대만, 중국

사진 22-1. 능구렁이 등면

사진 22-2. 능구렁이 복면

사진 22-3. 능구렁이 머리 등면

23. 쇠살모사 *Gloydius ussuriensis*

척색동물문〉척추동물아문〉파충강〉뱀목〉살모사과
Chordata〉Vertebrata〉Reptilia〉Squamata〉Viperidae

◉ 특징

몸길이는 60 - 90cm이다. 머리는 삼각형에 가깝고 녹색 또는 적갈색 바탕에 양측면에 짙은 흑갈색 긴 줄무늬가 있다. 혀는 붉은색을 띤다. 등면은 주위 환경에 따라 짙은 녹색 또는 짙은 적갈색 바탕을 띠며 검은색의 크고 둥근 가로줄무늬가 있다.

◉ 생태

전국적으로 분포하며, 주로 야산, 밭, 논둑에서 서식한다. 가장 흔하게 볼 수 있는 독사로서 동일 개체가 한 곳에서 반복 관찰되므로 거주 영역이 확실하고 이동이 거의 없는 것으로 보인다. 짝짓기는 9월경에 하며, 이듬해 8 - 10월에 5 - 12마리의 새끼를 낳는다. 개구리, 들쥐 등의 소형동물을 잡아먹는다. 봄과 가을에 많이 관찰되는 것은 일조량이 적은 시기로서 햇볕을 쬐기 위해 숲이나 바위 밑에서 나오기 때문이다.

◉ 분포

한국, 일본

사진 23-1. 쇠살모사 측면

사진 23-2. 쇠살모사 등면

사진 23-3. 쇠살모사 등면

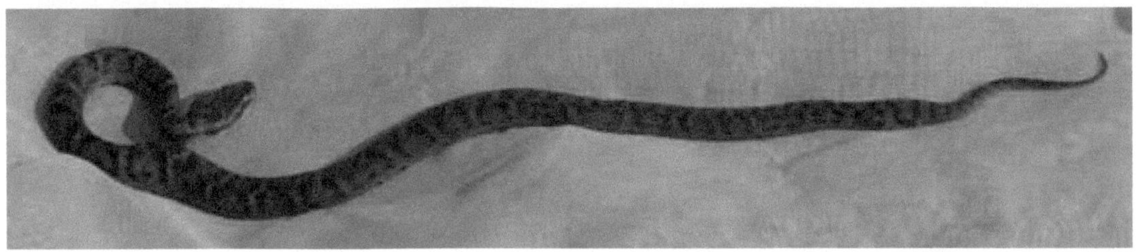

사진 23-4. 쇠살모사 등면

24. 살모사 *Gloydius brevicaud*

척색동물문〉척추동물아문〉파충강〉뱀목〉살모사과
Chordata〉Vertebrata〉Reptilia〉Squamata〉Viperidae

◉ 특징

몸길이는 보통 60 - 90cm이다. 머리는 삼각형에 가깝고 짙은 녹색 바탕에 양측면에 쇠살모사보다 폭넓고 짙은 흑색의 긴 줄무늬가 있다. 등면에는 짙은 녹색 바탕에 짙은 검은색 도넛 모양의 원형무늬가 가로로 배열되어 있다.

◉ 생태

전국적으로 분포하며, 주로 야산, 밭, 논둑에서 서식한다. 동일 개체가 한 곳에서 반복 관찰되므로 거주 영역이 확실하고 이동이 거의 없는 것으로 보인다. 짝짓기는 9월경에 하며 이듬해 8 - 9월에 새끼를 낳는다. 개구리, 들쥐 등의 소형동물을 잡아먹는다. 일반적으로 그늘에 숨어있고 건들지 않으면 움직이지 않는 습성 때문에 쉽게 관찰되지 않는다. 여름 장마철 일조량이 적어 햇볕을 쬐기 위해 숲이나 바위 밑에서 나오는 경우에 주로 관찰할 수 있다.

◉ 분포

한국, 일본

사진 24-1. 살모사 등면

사진 24-2. 살모사 측면

사진 24-3. 살모사 머리·등면 확대

한글명으로 찾아보기

〈어류〉

〈양서 · 파충류〉

학명으로 찾아보기

〈어류〉

〈양서 · 파충류〉

참고문헌

1. 김익수. 1997. 한국 동식물도감 제37권 동물편(담수어류). 교육부
2. 김익수, 박종영. 2007. 한국의 민물고기. 교학사
3. 김익수, 최윤, 이충렬, 이용주, 김병직, 김지현. 2005. 원색 한국어류대도감. 교학사.
4. 백남근, 심재환. 1999. 뱀. 지성자연사박물관.
5. 손상호, 이용욱. 2007. 주머니 속 양서·파충류 도감. 황소걸음.
6. 윤순태. 2007. 주머니 속 민물고기 도감. 황소걸음.
7. 이완옥, 노세윤. 2007. 특징으로 보는 한반도 민물고기(개정판). 지성사.
8. 최기철, 이원규. 1994. 우리 민물고기 백가지. 현암사.
9. 최기철, 전상린, 김익수, 손영목. 2002. 원색 한국담수어도감. 향문사.
10. 한국논습지NGO네트워크. 2001. 논생물 도감.
11. 近藤繁生, 谷幸三, 高崎保郎, 益田芳樹. 2005. ため池と水田の生き物図鑑(動物編). トンボ出版.
12. 内山りゅう. 2005. 田んぼの生き物図鑑. 山と溪谷社.
13. 森文俊, 内山りゅう, 山崎浩二. 2000. 淡水魚. 山と溪谷社.
14. 飯田市美術博物館. 2006. 田んぼの生き物—百姓仕事がつくるフィールドガイド.
15. 上野益三. 1986. 日本淡水生物学. 北隆館.
16. 松井正文, 関慎太郎. 2008. カエル・サンショウウオ・イモリのオタマジャクシハンドブック. 文一総合出版.
17. 養父志乃夫. 2005. 田んぼビオトープ入門—豊かな生きものがつくる快適農村環境. 農山漁村文化協会.
18. 湊秋作. 2006. 田んぼの生きものおもしろ図鑑. 農村環境整備センター.

논생태계 어류·양서류·파충류 도감

1판 1쇄 인쇄 2019년 04월 10일
1판 1쇄 발행 2019년 04월 20일
저　　자 농촌진흥청
발 행 인 이범만
발 행 처 **21세기사** (제406-00015호)
경기도 파주시 산남로 72-16 (10882)
Tel. 031-942-7861　　Fax. 031-942-7864
E-mail : 21cbook@naver.com
Home-page : www.21cbook.co.kr
ISBN 978-89-8468-831-5

정가 15,000원